Farhat Yatim
Ali Gharsallah

Etude du Bruit de Phase dans les Oscillateurs

Chokri Jebali
Farhat Yatim
Ali Gharsallah

Etude du Bruit de Phase dans les Oscillateurs

Principes & Applications

Presses Académiques Francophones

Impressum / Mentions légales

Bibliografische Information der Deutschen Nationalbibliothek: Die Deutsche Nationalbibliothek verzeichnet diese Publikation in der Deutschen Nationalbibliografie; detaillierte bibliografische Daten sind im Internet über http://dnb.d-nb.de abrufbar.

Alle in diesem Buch genannten Marken und Produktnamen unterliegen warenzeichen-, marken- oder patentrechtlichem Schutz bzw. sind Warenzeichen oder eingetragene Warenzeichen der jeweiligen Inhaber. Die Wiedergabe von Marken, Produktnamen, Gebrauchsnamen, Handelsnamen, Warenbezeichnungen u.s.w. in diesem Werk berechtigt auch ohne besondere Kennzeichnung nicht zu der Annahme, dass solche Namen im Sinne der Warenzeichen- und Markenschutzgesetzgebung als frei zu betrachten wären und daher von jedermann benutzt werden dürften.

Information bibliographique publiée par la Deutsche Nationalbibliothek: La Deutsche Nationalbibliothek inscrit cette publication à la Deutsche Nationalbibliografie; des données bibliographiques détaillées sont disponibles sur internet à l'adresse http://dnb.d-nb.de.

Toutes marques et noms de produits mentionnés dans ce livre demeurent sous la protection des marques, des marques déposées et des brevets, et sont des marques ou des marques déposées de leurs détenteurs respectifs. L'utilisation des marques, noms de produits, noms communs, noms commerciaux, descriptions de produits, etc, même sans qu'ils soient mentionnés de façon particulière dans ce livre ne signifie en aucune façon que ces noms peuvent être utilisés sans restriction à l'égard de la législation pour la protection des marques et des marques déposées et pourraient donc être utilisés par quiconque.

Coverbild / Photo de couverture: www.ingimage.com

Verlag / Editeur:
Presses Académiques Francophones
ist ein Imprint der / est une marque déposée de
AV Akademikerverlag GmbH & Co. KG
Heinrich-Böcking-Str. 6-8, 66121 Saarbrücken, Deutschland / Allemagne
Email: info@presses-academiques.com

Herstellung: siehe letzte Seite /
Impression: voir la dernière page
ISBN: 978-3-8381-7643-7

Remerciements

J'exprime ma plus sincère gratitude à Monsieur le professeur Ali Gharsallah qui m'a accueilli au sein de son laboratoire d'électronique à la Faculté des Sciences de Tunis pour réaliser ce mémoire. Qu'il trouve mes sincères remerciements.

Je suis reconnaissant envers Monsieur Yatim Farhat d'avoir suivi l'ensemble de mon travail. Ces conseils fructueux et ces qualités humaines m'ont été d'un apport inestimable et pour tous les échanges scientifiques fructueux et sympathiques que nous avons eus durant la réalisation de ce travail.

Qu'ils trouvent ici le témoignage de mes sincères remerciements.

Enfin, je remercie les personnes qui me sont chères, ma mère, mon père, ma femme sans qui je n'aurais jamais pu faire mes études, mes amis de Verrerie Naâssen et B.K. Tarek qui m'a épaulé durant la rédaction et qui m'a apporté toute son aide. Je vous dédie cette mémoire.

Un immense merci à tous mes amis chercheurs.

Table des matières

INTRODUCTION GÉNÉRALE

Le domaine micro-onde ou hyperfréquence occupe de nos jours une place primordiale d'une part puisque son évolution facilite les taches de communication et d'autre part il consacre ses progrès pour améliorer les performances à des prix considérables. Néanmoins, certains problèmes se posent au niveau des transmissions des informations surtout en mode émission ou réception (les satellites, les radars, les radiocommunications…)

Les recherches développées dans les derniers années permettent à une évolution remarquable dans les secteurs d'activités de l'électronique hyperfréquence. Cette évolution conduise à l'amélioration des analyses des circuits microsondes compte rendu de tous les bruits participant aux fluctuations du signal de sortie.

Cependant, on n'oublie pas le rôle important jouer par un tel oscillateur pour la transmission des données à haute pureté spectrale, la raison pour laquelle on fait l'objet de notre sujet de Mastère qui se pose sur l'étude et le traitement des oscillateurs et par conséquent l'effet du bruit de phase sur ses systèmes, ainsi que le processus qui entre en considération pour la réduction de ce bruit.

Notre travail consiste à décrire trois grandes parties.

Dans le premier chapitre, on décrit l'origine de l'oscillation et les mécanismes responsables de sa création, puis les différents types d'oscillateurs et leurs caractéristiques ainsi que les conditions du bon fonctionnement. On analyse aussi quelques types de résonateur et leurs propriétés électroniques. On termine par critiquer les modes de symétrie des oscillateurs, leurs avantages et leurs inconvénients ainsi que les méthodes de mesure du bruit qui est traité dans le chapitre suivant.

Dans le deuxième chapitre, on met l'accent sur les origines des différents types de bruits crées dans les jonctions des semi-conducteurs puis on décrit les sources et l'origine du bruit de phase, ainsi ses influences et ses effets sur la distorsions du signal de sortie. On présente les méthodes et les principes d'analyse de bruits de phase étudier pour trois cas différentes, l'hypothèse des conversions de bruits qui est le plus généralisé au niveau de la description des sources de bruit de phase. Après le principe de Hajimiri qui est plus précis et qui caractérise les sources du bruit de phase et modélise les causes de naissance de ce bruit, ainsi il montre les limites de la méthode de Leeson déjà présentée. Enfin on explique les approches pour la réduction du bruit de phase.

Le chapitre III présente les simulations avec le logiciel ADS de bruit de phase et d'amplitudes en utilisant la méthode des conversions de bruit. On compare ensuite les courbes de bruits de phase obtenus pour différents types d'oscillateurs et de résonateurs, en choisissant la meilleure performance du bruit par classification des structures. En validant aussi notre résultat avec des articles en se basant sur des exemples traduisant les hypothèses du deuxième chapitre de Hajimiri et de Leeson, par la simulation du bruit de phase et en

Chapitre I :

ETUDE DES OSCILLATEURS

ETUDE DES OSCILLATEURS

I. 1. Introduction

Les oscillateurs micro-ondes occupent une place primordiale dans les systèmes de communication, puisque les performances de ces derniers sont souvent liées au bruit de phase des oscillateurs utilisés. Dans les systèmes analogiques un synthétiseur de fréquence ou oscillateur local (O.L) bruité peut entraîner une perte du signal tandis que dans les systèmes numériques, un signal d'horloge bruité génère une dégradation importante du taux d'erreur binaire et donc dans tous les cas une mauvaise qualité de la transmission ou de la réception.

Les concepteurs d'oscillateurs micro-ondes sont prometteurs de rechercher des architectures de circuits pour lesquelles le bruit de phase est minimum. Dans ce chapitre nous présenterons les différents types d'oscillateurs ainsi que les caractéristiques et les méthodes d'analyse et de conception existant à l'heure actuelle.

I. 2. CARACTÉRISTIQUES GÉNÉRALES

I. 2. 1. Conditions générales d'oscillation

L'oscillateur étant constitué de composants actifs et passifs, il est toujours possible de le mettre sous la forme générale d'un multi port actif et d'un multi port passif, chacun étant caractérisé par sa matrice S :

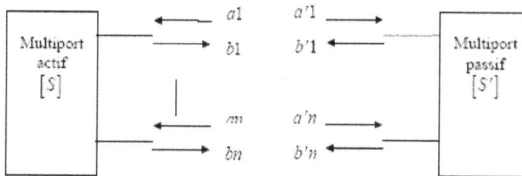

Figure I-1 : Représentation générale d'un oscillateur

En exprimant les ondes entrantes et sortantes en fonction des paramètres S, on a :

[b] = [S][a]

[b'] = [S'][a']

Si on établit la connexion entre les deux multi-ports (port i connecté au port i'), on peut écrire :

[b] = [a']

[a] = [b']

Dans ce cas, il vient :

$$\{[S][S'] - [1]\}[a'] = 0$$

Puisque [a'] ne peut pas être égale à 0 (nous sommes à l'oscillation, donc de la puissance circule entre les multi-ports), il faut que :

[S][S'] = [0]

La condition d'oscillation généralisée s'écrit :

$$\det\{[S][S'] - [1]\} = 0$$

I. 2. 2. Naissance de l'oscillation

On rappelle que l'oscillation prend naissance à partir du bruit thermique (bruit thermique aux bornes de n'importe quel élément engendrant une tension aléatoire) ou du bruit de commutation (par exemple pulse généré lors de la commutation de l'alimentation). Ce signal de bruit possède un spectre très large contenant toute les fréquences d'oscillations permises par le composant actif.

Cependant, une seule fréquence va être amplifiée, d'où on représente l'oscillateur comme un amplificateur rebouclé entre l'entrée et la sortie par un résonateur :

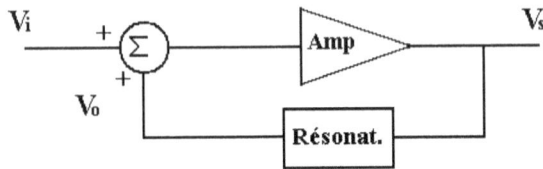

Figure I-2 : Représentation d'oscillateur par amplificateur rebouclée

Le signal Vi est le signal de bruit à spectre large. A la sortie de l'amplificateur, il est amplifié. Une partie est prélevée pour être réinjectée dans le résonateur qui va le filtrer (donc qui va le diminuer en amplitude mais aussi qui va le déphaser (correspondant à sa fonction de transfert en amplitude et en phase du résonateur en transmission).

Après un cycle on a un signal Vo de bruit filtré et dont l'amplitude a été augmentée. On doit donc avoir un gain en boucle ouverte V_o/V_i supérieur à 1 en module et égal à 0° en phase pour que l'oscillation grandisse.

Le schéma suivant représente l'évolution de la puissance de bruit à l'entrée de l'amplificateur en fonction de la fréquence :

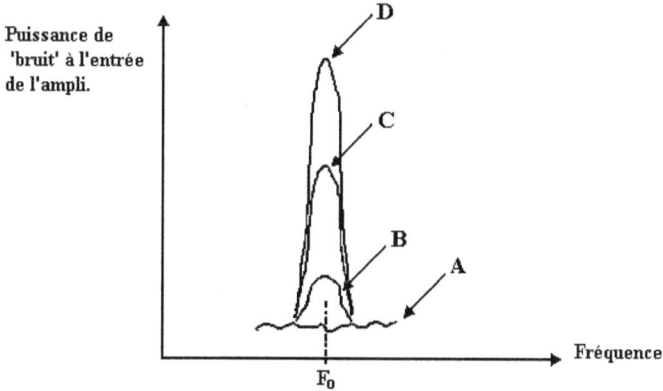

Figure I-3 : Puissance de bruit à l'entrée de l'amplificateur

La figureI-4 est caractérise Le gain et le déphasage en boucle ouverte de l'oscillateur :

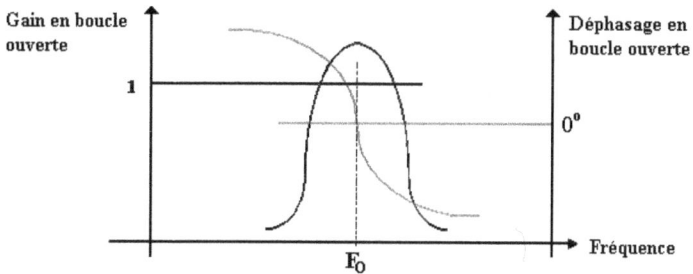

Figure I-4 : Gain et déphasage en boucle ouverte

À chaque tour de boucle le signal réinjecté à Fo dans l'amplificateur grandit, quand ce dernier devient trop grand l'amplificateur se sature et le gain en boucle fermée diminue jusqu'à atteindre1

I. 2. 3. Modélisation du démarrage de l'oscillation

D'une façon approchée On peut modéliser le démarrage de l'oscillateur par la mise en cascade des chemins en boucle ouverte (méthode approchée car les impédances de fermeture sont difficiles à déterminer). Voici la représentation dans ce cas :

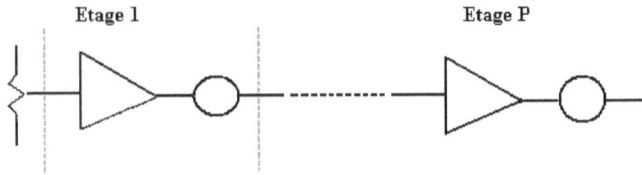

Figure I-5 : Modélisation du démarrage par mise en cascade

Le comportement de la courbe de puissance de sortie en fonction de la puissance d'entrée de l'oscillateur est semblable à celle d'un amplificateur en saturation :

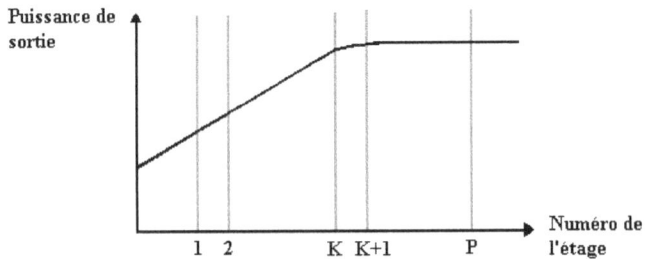

Figure I-6 : Variation de puissance de l'oscillateur

I. 2. 4. Les mécanismes responsable du saturation de l'onde de sortie

Dans un modèle électrique Les éléments actif responsables de la saturation sont les éléments non linéaires (exemple: la capacité grille-source dans un MESFETt ou la capacité base-émetteur dans un transistor bipolaire).

Ces éléments ont des valeurs qui dépendent de la tension à leurs bornes. Dans un oscillateur le niveau des signaux varie dans le sens croissant, les changements de valeur moyenne de ces éléments entraînent une diminution de la valeur du gain du composant entraînant à son tour une stabilisation de l'amplitude du signal.

Dans un transistor il existe deux phénomènes principaux, responsables de la saturation:

1/ Un effet de limitation de la valeur des éléments (exemple : la transconductance g_m

qui est bornée) qui entraîne une réduction du gain.

2/ Un mécanisme de rectification (exemple : la diode d'entrée entre grille et source

qui est excitée dans sa partie quadratique et va générer un courant de polarisation DC)

qui va entraîner un déplacement du point de polarisation dans une région où le gain

est plus faible.

I. 3. OSCILLATEUR MICROONDE

Un oscillateur est un dispositif capable de délivrer un signal périodique, sans excitation alternative externe, à partir de sources d'énergies continues qui correspondent à la polarisation des éléments actifs constitutifs de l'oscillateur [1,2].

Les principales caractéristiques d'un oscillateur sont présentées dans le paragraphe suivant.

I. 3. 1. caractéristiques des oscillateurs

Les paramètres principaux sont, la fréquence d'oscillation et la puissance délivrée par l'oscillateur à une telle fréquence, du fait du caractère non linéaire du système, ils apparaissent des harmoniques de cette qui perturbe le fonctionnement de l'oscillateur, la raison pour laquelle on doit caractériser la sélectivité de l'oscillateur.

- D'autres paramètres permettent de définir la sensibilité de l'oscillateur.

* Le facteur de Pushing, exprimé en MHz / V, rend compte de la variation de la fréquence d'oscillation, lorsque les tensions d'alimentation fluctuent.

* Le coefficient de Pulling ou facteur d'entraînement de fréquence, dont l'unité courante est le MHz, consiste à évaluer la variation relative de fréquence lorsque le système est perturbé par une charge présentant un taux d'onde stationnaire donné.

* Une autre caractéristique est la pureté spectrale de l'oscillateur. Dans le cas idéal, le spectre de l'oscillateur se réduit à une raie ultrafine, monochromatique située à la fréquence d'utilisation. Cependant, au niveau des composants constituant le circuit, il y a des sources de bruit qui affectent le fonctionnement [3].

*Enfin un critère important, se base sur la qualité d'un oscillateur, consiste à donner la stabilité fréquentielle. Celle-ci résulte d'une analyse non linéaire autour du point de fonctionnement du circuit.

De plus, la bande de synchronisation de l'oscillateur dans le cas de l'utilisation en régime synchronisé est également un paramètre qui peut être approximé par la relation suivante : [4]

$$\Delta\omega \approx \frac{2\omega_0}{Q_{ext}}\sqrt{\frac{P_{syn}}{P_{osc}}} \qquad \text{(I-1)}$$

P_{syn} est la puissance de l'oscillateur synchronisant,

P_{osc} est la puissance de sortie de l'oscillateur synchronisé,

Q_{ext} est le facteur de qualité externe de l'oscillateur et s'écrit:

$$Q_{ext} = \frac{\omega_0}{2Gu}\left.\frac{\partial B}{\partial\omega}\right|_{\omega o} \qquad \text{(I-2)}$$

Avec Gu admittance d'utilisation et B susceptance totale du circuit.

I. 4. OSCILLATEURS A FREQUENCE FIXE

Les oscillateurs à fréquences fixes sont utilisés dans de nombreuses applications comme par exemple :

    - oscillateur local dans une chaîne de communications

    - oscillateur local dans une chaîne radar

Les deux caractéristiques que doivent posséder cet oscillateur sont :

    - une dérive en fréquence faible avec la température

    - un bruit de phase le plus faible possible

Les éléments actifs sont de deux types :

    - à diode (Gunn ou Impatt)

    - à transistor (bipolaire ou à effet de champs)

Les critères de choix sont bien entendu fonction de la fréquence, de la puissance de sortie, des tensions d'alimentations.

Les éléments résonateurs doivent posséder un fort coefficient de surtension avec des caractéristiques électriques (fréquence de résonance) variant peu avec la température, le vieillissement...,etc. Ils sont de plusieurs types :

- à cavité coaxiale

- à cavité métallique

- à cavité diélectrique (on parle de résonateur diélectrique dans ce cas)

- à résonateur à onde de surface

- à lignes ou éléments distribués

- LC ou éléments localisés

I. 4. 1. Oscillateurs à diodes Gunn

Description de l'effet Gunn : Appelée aussi diode à transfert d'électrons, elle permet de présenter une caractéristique de transfert. Dans certains matériaux (par exemple l'arséniure de gallium) un électron, lorsqu'il est dans la bande de conduction, peut appartenir soit au minimum principal, soit à un minimum secondaire.

Lorsque le champ électrique appliqué à une tranche de semi-conducteur est faible inférieur à Ec (énergie de conduction) alors la totalité des électrons sont dans le minimum principal.

Lorsque le champ électrique augmente l'énergie apportée peut être suffisante pour qu'un certain nombre d'électrons passe dans le premier minimum secondaire, c'est le phénomène de transfert d'électrons.

Dans cette bande la mobilité des électronique étant beaucoup plus faible que celle dans la zone du minimum principal. Cette région présente donc une zone de résistance différentielle. Ceci fait la naissance de la formation d'un paquet de porteurs qu'on appelle pulses de courant qui va se propager sous l'action du champ électrique, créant l'effet Gunn.

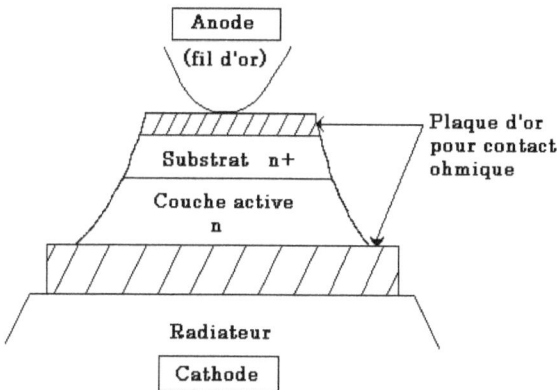

Figure1-7 : Constitution de la diode

La fréquence des pulses dépend de la longueur du cristal et de la vitesse de propagation, donc du temps de propagation à travers le barreau. Les deux composés réellement utilisés pour la construction sont l'arséniure de gallium pour les bandes micro-ondes (de 30MHz à 40GHz) et le phosphure d'indium pour les bandes millimétriques (>à 40GHz).

On doit prendre un certain nombre de précautions lors de la polarisation de la diode Gunn:

1. Réguler l'alimentation: le déplacement de fréquence pour une variation d'alimentation (pushing) est assez élevé (jusqu'à 30MHz/V), donc le bruit et l'ondulation résiduelle doivent être réduit pour ne pas dégrader le bruit de phase de l'oscillateur

2. Insérer un circuit passe-bas entre l'alimentation et la diode pour éviter les oscillations parasites.

3. Insérer une ligne quart d'onde pour isoler le circuit de polarisation du signal HF en hyperfréquences (limité en bande de fréquence) ou une self de choc en bande VHF, UHF.

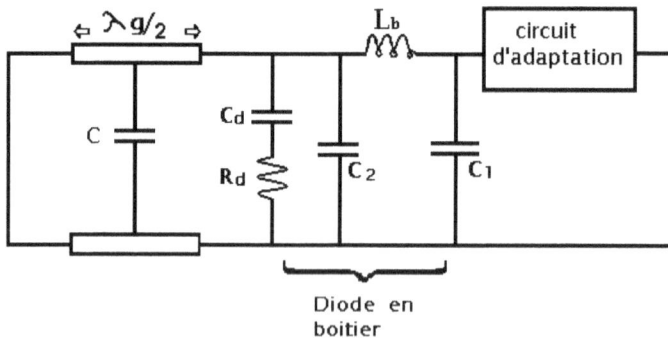

Figure I-8 : Oscillateur à diode Gunn en guide d'onde

Une diode Gunn, placée en parallèle sur un résonateur et une charge réalise un oscillateur à la fréquence du résonateur.

I. 4. 2. Oscillateurs à résonateur diélectrique

Dans les domaines des hyperfréquences, la topologie d'oscillateur de type Colpitts, dont nous allons parler dans les paragraphes suivants, est souvent associée à des résonateurs diélectriques afin d'améliorer les performances en pureté spectrale.

Ces nouvelles configurations de circuits sont donc largement utilisées et certaines techniques de réduction du bruit leur sont également associées.

I. 4. 2. 1. Oscillateurs à résonateur diélectrique [4]

Suivant le type de montage et d'utilisation du résonateur diélectrique deux grandes familles peuvent être distinguées.

Dans notre étude, nous mettrons l'accent sur les oscillateurs qui utilisent les transistors à effet de champ sachant que tout ce que nous montrons est facilement transposable au cas des circuits utilisant des transistors bipolaires classiques ou à hétérojonction.

I. 4. 2. 2. Oscillateur à résonateur diélectrique en réaction série

Dans ce montage, le transistor considéré fonctionne en source commune. Le résonateur diélectrique peut être placé sur la grille ou le drain du transistor, dans le cas d'un montage en source commune qui est le plus courant, comme le montre cette figure.

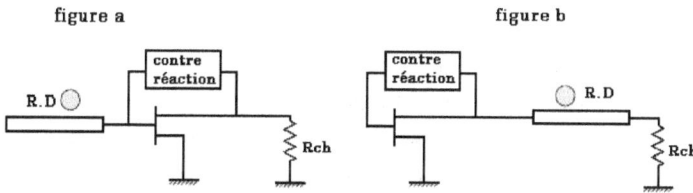

Figure I-9 : Oscillateur à résonateur diélectrique utilisé en réaction série

(sur la grille a et sur le drain b)

Ces deux architectures offrent comme avantage l'adaptation de l'entrée et/ou la sortie du transistor utiliser, cela Suivant la valeur du rapport de transformation dans l'élément en contre-réaction et du coefficient de couplage entre la ligne et le résonateur. Nous traitons maintenant le cas où le résonateur diélectrique est utilisé en transmission et qui intervient directement dans la contre-réaction.

I. 4. 2. 3. Oscillateur à résonateur diélectrique en transmission

Lorsque le transistor est monté en source commune, le résonateur diélectrique apparaît en contre-réaction entre la grille et le drain (figure I -9).

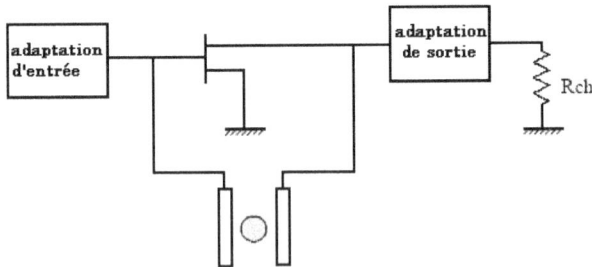

Figure I-10 : Oscillateur à résonateur diélectrique entre grille et drain

Cette structure qui utilise le résonateur diélectrique en transmission entre grille et drain est intéressante car la fréquence d'oscillation est calée sur la fréquence de résonance du résonateur. Cependant, aucune oscillation parasite n'apparaît dans le circuit [8].

Nous citons deux exemples d'oscillateurs pour la confirmation de cette étude.

Pour cet article [9], les auteurs proposent l'optimisation du rendement en puissance ajoutée plus la puissance de sortie au fondamental. Par contre, le fait d'utiliser un amplificateur conçu en classe F à 1.6 GHz comme élément non linéaire donne une valeur de 67 % du rendement en puissance ajoutée associé à une puissance de sortie de 24 dBm. Dans ce cas, le bruit de phase n'a pas été minimisé et reste relativement élevé.

I. 4. 3. Les oscillateurs à quartz

Le quartz est un matériau piézoélectrique pour lequel l'application d'un champ électrique provoque l'apparition de forces mécaniques. Inversement un effort mécanique exercé parallèlement à une direction du cristal appelée axe mécanique provoque l'apparition de charges électriques sur deux faces perpendiculaires à l'axe électrique. Si une lame de quartz est placée entre les armatures d'un condensateur une tension sinusoïdale appliquée entre ces armatures va provoquer l'apparition dans le matériau de contraintes mécaniques périodiques c'est à dire d'ondes sonores. Ces ondes se propagent à une vitesse finie et pour certaines fréquences la lame de quartz entre en résonance comme un tuyau d'orgue. Dans ce cas il se produit un échange d'énergie entre la source fournissant le champ électrique et le quartz qui se manifeste par une variation très importante de l'impédance électrique de l'ensemble. Le dispositif appelé résonateur à quartz ou simplement quartz a un comportement électrique qui peut être représenté par le schéma équivalent ci contre :

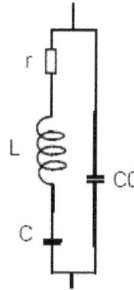

Figure I-11 : Schéma équivalent d'un résonateur à quartz

C0 est le condensateur normal formé par les deux armatures et le quartz comme diélectrique ($\varepsilon=4$), il est de l'ordre de 10pF.

R modélise les pertes du matériau soumis au champ alternatif sa valeur est de quelques dizaines d'ohms, elle dépend de la façon dont a été taillé le quartz, c'est à dire l'angle entre la perpendiculaire aux faces et les axes cristallographiques.

L et C n'ont aucune réalité physique, la self est très grande de l'ordre de l'henry alors que C1 est très petit quelques femto farads. Typiquement pour un quartz 5Mhz L=0,1H C=10fF C0=20pF r=30Ω

L'impédance de l'ensemble a pour expression :

$$Z = \frac{(1 - LC\omega^2) + jrC\omega}{\left[j(C + Co - LCCo\omega^2) - rCCo\,\omega^2 \right]\omega} \qquad (I\text{-}3)$$

Elle présente un maximum de forte valeur pour une fréquence appelée fréquence de résonance parallèle :

$$fp = \frac{1}{2\pi\sqrt{L\dfrac{CCo}{C+Co}}} \qquad (I\text{-}4)$$

Et un minimum égal à r pour la résonance série LC :

$$fs = \frac{1}{2\pi\sqrt{LC}} \qquad (I\text{-}5)$$

Compte tenu des valeurs relatives des deux condensateurs ces deux fréquences sont très voisines l'une de l'autre :

$$\frac{fp}{fs} = \sqrt{1 + \frac{C}{Co}} \approx 1 + \frac{C}{2Co} \qquad \text{Soit un } \Delta f/f \text{ de l'ordre de } 10^{-3} \qquad (I\text{-}6)$$

Le coefficient de surtension apparent est très élevé, typiquement 10^5 De plus les fréquences de résonance varient très peu avec la température. Cette variation dépend beaucoup de la façon dont est taillé le quartz.

La fréquence d'un quartz dépend de ses dimensions mais aussi du mode de propagation des ondes sonores qui dépend lui même de l'angle de taille et de la position des électrodes. Un quartz en coupe longitudinal a des oscillations de cisaillement, et une vitesse de propagation des ondes sonores faible et ces résonateurs sont réservés aux fréquences basses, quelques centaines de kilohertz. Avec une coupe transversale il s'agit d'un cisaillement d'épaisseur, pour une fréquence de 1Mhz l'épaisseur de la lame est de 1,67mm.

En coupe AT l'oscillation de cisaillement d'épaisseur peut se produire en mode fondamental ou sur les harmoniques impairs .On dit alors que le quartz travaille en partiel n. Ce fonctionnement en mode partiel est utilisé pour obtenir des fréquences élevées sans qu'il soit nécessaire de faire appel à des lames très minces et fragiles. Un quartz de 1,67mm d'épaisseur oscille sur 5Mhz Pour chaque mode partiel il existe autour de la fréquence correspondante un schéma équivalent semblable au précédent .La courbe décrivant l'impédance en fonction de la fréquence f est globalement celle du condensateur C_o avec des anomalies locales autour de chaque mode.

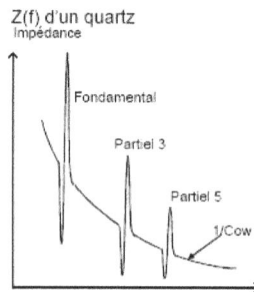

Figure I-12 : Impédance du résonateur en fonction de la fréq.

- Les résonateurs céramiques

Qui remplacent parfois les quartz, car ils sont moins coûteux, et ont un comportement analogue au quartz mais un coefficient de qualité plus faible.

I. 4. 3. 1. Structure d'oscillateurs à quartz

Un oscillateur à quartz peut exploiter aussi bien la résonance série que la résonance parallèle bien que le fonctionnement sur fs soit souvent le plus stable. Pour une oscillation sur la fréquence série le montage de base est représenté sur la figure ci contre. La boucle de réaction n'est fermée que lorsque l'impédance du quartz n'est pas trop grande devant R ce qui se produit autour de fs .Le montage présenté sur la figure utilise deux transistors couplés par le quartz placé entre les émetteurs .L'impédance d'entrée sur les émetteurs est du même ordre de grandeur que l'impédance série du quartz. Le premier transistor travaille en base commune.

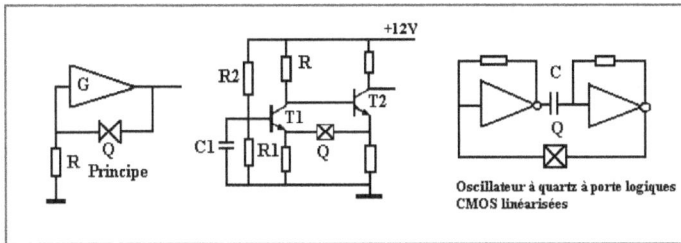

Figure 1-13 : Oscillateur à quartz mode série

Sa polarisation étant assurée par R1 R2 et la base découplée par C L'amplificateur peut aussi être réalisé avec deux portes logiques CMOS.

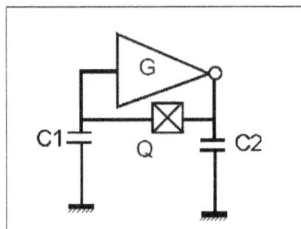

Figure I-14 : Montage à résonance parallèle

Le montage suivant ressemble à un montage Colpitz ou Clapp sa fréquence d'oscillation est comprise entre f_S et f_p.

I. 4. 3. 1. 1. Fonctionnement sur partiel n

Pour forcer un quartz à osciller sur un mode différent de son fondamental il faut ajouter dans la boucle un élément qui constitue un filtre passe bande autour de la fréquence désirée. Cet élément est un circuit oscillant LC. Quelle est alors l'influence de ce circuit annexe sur la stabilité en fréquence de l'ensemble?

Si à la fréquence de travail $\Delta\varphi1$ est le déphasage apporté par l'amplificateur sélectif et $\Delta\varphi2$ le déphasage apporté par le quartz, la condition d'accrochage est bien sûr $\Delta\varphi1+\Delta\varphi2=0$ (partie imaginaire de l'équation $G\beta=1$ nulle) Or pour un circuit oscillant au voisinage de la fréquence désirée.

$$\Delta\Phi = 2Q\,\frac{\Delta f}{f_0} \qquad\qquad (I\text{-}7)$$

Si Q et f_0 : coefficient de qualité et fréquence de l'amplificateur sélectif

Q_x et F_x les mêmes grandeurs pour le Quartz.

Autour de f_S les déphasages apportés par les deux constituants sont :

$$\Delta\Phi_x = 2Q_x\frac{\Delta f_x}{f_x} \quad\text{et}\quad \Delta\Phi = 2Q\,\frac{\Delta f}{f_0} \qquad\qquad (I\text{-}8)$$

En écrivant que la somme des déphasages est nulle et compte tenu du fait que f et fx sont très proches :

$$\Delta f_x = -\frac{Q}{Q_x}\Delta f \qquad\qquad (I\text{-}9)$$

Par variation de la température la fréquence de l'amplificateur sélectif peut varier d'une manière sensible, cette expression montre que la stabilité obtenue est d'autant meilleure que le coefficient de qualité Q de l'amplificateur sélectif est faible. Mais Ce résultat peut surprendre.

I. 4. 3. 1. 2. Sensibilité du Quartz à son environnement
Le quartz possède des propriétés mécaniques très stables au cours du temps. Comme il est piézoélectrique, une vibration constante peut être entretenue à l'aide d'une tension électrique. Plusieurs mécanismes sont à l'origine des fluctuations de fréquence des oscillateurs :

-   La sensibilité du résonateur aux variations des grandeurs d'environnement (température, champs électromagnétiques statiques ou dynamiques, actions mécaniques telles que l'accélération, les chocs, les vibrations, sensibilité du matériau aux rayonnements ionisants, etc.)
-    Les modifications plus ou moins rapides des caractéristiques métrologiques du résonateur dues à des défauts internes (relaxation de contraintes, migration d'impuretés au cœur ou en surface, etc.)

La partie électronique aide à fixer la fréquence des oscillations et son bruit propre influe sur la stabilité de l'ensemble par les mécanismes habituels : bruit thermique, bruit de grenaille, bruit en 1/f, auxquels il faut ajouter la sensibilité propre du circuit aux perturbations extérieures (variation de tension, humidité, etc.)

I. 4. 3. 1. 3. Grandeurs caractéristiques de l'instabilité des Quartz

Quelle que soit la stabilité en fréquence du signal de sortie d'un oscillateur, on peut toujours considérer qu'il est le résultat d'une onde pure infiniment stable modulée en amplitude, en fréquence ou en phase. La stabilité de fréquence sera d'autant meilleure que la modulation sera faible. Cela permet de caractériser les instabilités de fréquence dans le domaine fréquentiel par l'étude du spectre ou dans le domaine temporel par l'étude statistique des différents résultats de comptage de la fréquence de ce signal.

La densité spectrale de bruit de phase est définie en intégrant le rapport bandes latérales sur porteuse donné en fonction de l'écart à la porteuse, c'est-à-dire en fonction des fréquences de Fourier. Dans le domaine temporel, la variance d'Allan résulte de l'étude statistique des résultats de comptages de la fréquence, et permet de caractériser l'instabilité de l'oscillateur en fonction du temps de comptage.

I. 5. Oscillateurs à fréquence variable

Généralement ils sont utilisés dans des appareils de mesures large bande (générateurs à balayage et synthétiseur) ou dans des chaînes de communication. Les contraintes principales sont le mal couverture de la bande, le bruit de phase et la vitesse d'acquisition de la fréquence. Ce dernier paramètre qui dépend du coefficient de qualité du résonateur étant aussi très dépendant des caractéristiques dynamiques de la boucle à verrouillage de phase lorsque l'oscillateur est synthétisé.

Pour les éléments actifs, ce sont toujours les mêmes : les diodes Gunn ou Impatt et les transistors bipolaires ou à effet de champ.

Les éléments résonateurs permettant la variation de la fréquence sont de deux types : à diode varactor associé à des éléments LC localisés ou une structure distribuée et à bille de YiG.

Nous pouvons citer l'oscillateur à diode ou transistor associé à un varactor (la diode comme élément actif) étant surtout utilisé pour les très hautes fréquences, supérieures à 20 GHz et lorsque la puissance de sortie est importante.

I. 5. 1. Oscillateurs à varactor

Il s'agit de l'élément le plus utilisé dans les applications de systèmes de communications (chaîne d'émission et de réception). Un varactor est simplement une jonction PN polarisée en inverse dont la largeur de la zone de déplétion forme une capacité variable en fonction de cette tension inverse.

Technologiquement, il s'agit le plus souvent en hyperfréquences d'un contact Schottky sur un substrat en silicium ou en arséniure de gallium dopé N. Quelque soit le substrat, il existe deux types de profil de dopage :

- profil abrupt (dopage linéaire dans la zone de déplétion)

- profil hyper abrupt (dopage non linéaire dans la zone de déplétion)

La capacité de jonction s'écrit :

$$C(v) = \frac{C(0)}{\left(1 + \dfrac{v}{\phi}\right)^{\tau}} \qquad (\text{I-10})$$

V : tension aux bornes du varactor

C (0): capacté de jonction pour V = 0

ϕ: Potentiel de contact Schottky

τ : constante reliée au profil de dopage τ = 0.5 pour profil abrupte et τ = 1 à 1.5 pour profil hyper abrupte

Comme la fréquence de résonance est inversement proportionnelle à la racine carrée de la capacité, il faut un τ égale à 2 pour avoir une variation linéaire de Fo avec la tension inverse de commande.

Les caractéristiques de deux types de varactors

Profil de dopage	Coefficient de surtension Q	Tension de commande	Accordabilité (C_{max}/C_{min})	Linéarité
Abrupt ε =0.5	Fort ($\approx$ 300)	0 – 50 V	Moyen (5 – 10)	Moyenne
Hyper abrupt ε = 1 à 1.5	Moyen ($\approx$ 100)	0 – 20 V	Bonne (>10)	Bonne

TABLE 1 : Caractéristiques de deux types de varactor

La variation de la capacité en sens décroissant n'est pas linéaire (selon le profil de dopage), ainsi que la résistance n'est pas constante sur toute la plage de variation. Il est nécessaire donc de tenir compte de ces paramètres pour le calcul des pertes présentées par le résonateur.

La bande de fréquence accordable dépendra donc du rapport C_{max}/C_{min} de la diode mais aussi des éléments parasites (par exemple la capacité de boîtier, l'inductance de report, ...)

Deux points méritent d'être mentionnés :

- La tension alternative due au signal RF aux bornes du varactor, qui peut mettre la diode en conduction et va modifier la courbe d'accord en fréquence.

- La distorsion car la caractéristique C (v) est non linéaire. Il est conseillé d'utiliser une topologie de diodes tête bêche pour réduire les termes de distorsions paires et diviser par deux la tension alternative. Comme la distorsion d'ordre 2 est directement responsable du processus de conversion haute du bruit basse fréquence, il est admis que cette conversion sera d'autant plus faible que l'amplitude du second harmonique de l'oscillateur sera faible.

I. 5. 2. Oscillateur à transistor/varactor

La conception des oscillateurs à fréquence variable est bien entendu la même que celle utilisée pour les oscillateurs à fréquence fixe puisque le varactor pour une certaine tension affiche une certaine capacité, équivalente à une capacité fixe. Toutefois, le concepteur doit s'assurer que le transistor réactionné donne suffisamment de résistance négative pour toutes les valeurs prises par la capacité équivalente de la diode varactor.

Voici comme titre d'exemple un oscillateur contrôlé en tension (VCO) à très faible bruit, donné à la figure ci-dessous [10], cette structure est nommée push-push. Dans cette structure différentielle à sortie couplée, l'amélioration du rapport signal à bruit peut aller jusqu'à 6dB. Si les tensions des deux oscillateurs s'ajoutent en phase, la puissance de sortie sera multipliée par 4, par contre si on considère que les bruits générés par chacun ne sont pas corrélés, seules les puissances de bruit s'ajoutent, donc le gain sur le rapport signal à bruit est 2 (3dB). De plus il a été montré que le bruit de phase est réduit de 3 dB pour deux oscillateurs couplés, par rapport à celui d'un seul oscillateur.

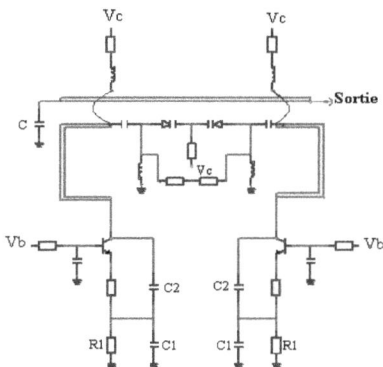

Figure I-15 : Structure push-push de VCO à faible bruit

Les deux résistances négatives sont générées par les transistors bipolaires réactionnés par deux capacités C1 et C2. Elles partagent le même résonateur constitué de deux varactors « tête bêche » couplés à une ligne micro ruban de sortie. Les tensions de sortie des transistors bipolaires sont mises en opposition de phase à cause du point de masse virtuelle entre les résonateurs (à condition que tout circuit reste symétrique). Elles sont additionnées dans le coupleur correctement chargé sur l'accès non utilisé. Cette charge peut être capacitive en fonction de la longueur de ligne et de la distance de couplage [11]. Dans ce mode en opposition de phase, les varactors opèrent avec une tension minimale à leurs bornes, ce qui évite les problèmes de non linéarités.

Que voici les principales caractéristiques :

- Élimination de la distorsion d'ordre paire qui réduit l'influence du bruit en 1/f.

- La puissance de sortie couplée est choisie en fonction des pertes du résonateur.

- Utilisation de circuits de polarisation faible bruit par minimisation du courant dans les bases du transistor, ce qui réduit le bruit de grenaille.

- Dégénérescence d'émetteur pour la réduction du bruit en 1/f .

- Dégradation minimum du coefficient en charge du résonateur par réglage du taux de réaction capacitif (avec en plus la contrainte d'éviter une surtension sur la jonction entre base et émetteur) et de la constante de temps du circuit de polarisation de l'émetteur R_1C_1 qui doit être plus grand que $2.5/f_{min}$.

- Un découplage des alimentations de collecteur par implantation d'un self   et d'une résistance pour ne pas dégrader le coefficient de surtension des résonateurs.

- Des varactors tête bêche pour minimiser la non linéarité de second ordre.

- Les varactors doivent être placés sur un point de variation de tension minimum.

- Un chemin faible impédance (self) pour le bruit basse fréquence des varactors et des résistances de polarisations.

- Des résistances minimales sur la voie de contrôle pour ne pas dégrader le bruit thermique et éviter l'apparition du mode commun (oscillation en phase des oscillateurs)

- Une régulation de circuit d'alimentation efficace pour ne pas dégrader par 'pushing' le bruit de phase

- La capacité de couplage du varactor Cc au reste du circuit permet d'obtenir la bande d'accord en fréquence.

On déduit que les capacités internes du transistor bipolaire (C_{be} et C_{bc}) sont assez élevées par rapport à C_v. Comme C_{bc} et C_v sont en série, donc la capacité équivalente est presque de même valeur que C_v, ce qui permet une bonne accordabilité (facilement une octave). Ce n'est généralement plus le cas avec le MESFET dont les capacités sont de même ordre de grandeur que le varactor.

I. 5. 3. Les oscillateurs en anneau

Cette structure est basée sur N cellules connectées en anneau. Pour la figure suivante, où il existe un croisement de phase dans la boucle, la période des oscillations est égale à 2 N τ, où N et τ sont respectivement le nombre de cellules et le retard engendré par une cellule.

Deux catégories d'oscillateurs en anneau : saturés et non saturés [12]. Les oscillateurs non saturés sont ceux qui ont les plus mauvaises performances en matière de bruit de phase. Les transistors MOS composant le montage ne commutent pas totalement et restent donc toujours actifs. Au contraire, les oscillateurs de type saturé offrent de meilleures performances en bruit de phase car les cellules commutent totalement. Ils sont ainsi moins sensibles aux perturbations.

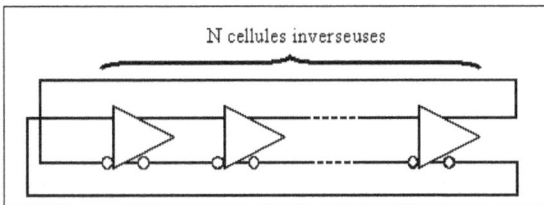

Figure I-16 : Principe de l'oscillateur en anneau

La détermination du nombre de cellules qui constituent les VCOs est un élément important. Car, en augmentant le nombre d'étages, on diminue la fréquence maximale du VCO.

En ce qui concerne le contrôle en fréquence, il s'agit d'une commande en courant qui permet de choisir la vitesse de commutation des cellules. La fréquence maximale étant limitée par le retard minimal de commutation, c'est sur ce paramètre que se portent les efforts pour pouvoir monter en fréquence.

Les oscillateurs en anneau sont très répandus comme VCOs intégrés. Il s'agit de l'oscillateur le plus simple à intégrer et qui fournit la plus grande excursion en fréquence [I-13].

I. 5. 4. Les multivibrateurs

Les oscillateurs basés sur des multivibrateurs utilisent un seul élément stockant les charges qui circulent dans le circuit contrairement aux VCOs basés sur des circuits résonnants.

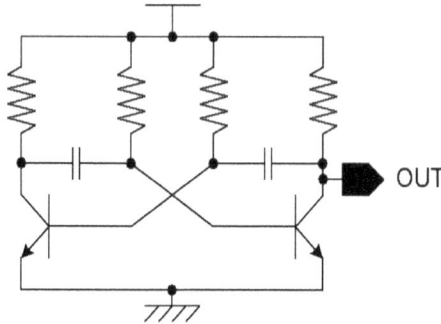

Figure I-17 : Schéma d'un multivibrateur

Ce circuit est parmi les moins stables en fréquence et présente un bruit de phase trop important pour une application nécessitant un signal pur. Par conséquent, et malgré l'existence de circuits permettant de diminuer son bruit de phase, ce montage a été écarté rapidement.

I. 5. 5. Les Oscillateurs Contrôlés en Tension : VCOs

Les oscillateurs contrôlés en tension ont pour fonction la transformation d'une tension appliquée à l'entrée en un signal modulé en fréquence en sortie. Ils sont utilisés dans les systèmes de communications. Ils ont plusieurs applications telles que la génération d'une fréquence de référence ou encore la modulation du signal d'émission.

I. 5. 5. 1. Les Paramètres caractéristique d'un VCO

-   Gain du VCO (Kvco) : Il s'agit de la pente de la variation de fréquence en fonction de la variation de la tension appliquée pour piloter le VCO. Cette grandeur est exprimée en Hz/V.
-   Contrôle monotone : Ce terme désigne un VCO dont la fréquence varie de façon constante sur l'ensemble de la plage de fréquence.
-   Puissance de sortie : Puissance de sortie du VCO

- Rapport cyclique : Il s'agit du rapport entre la durée d'un état haut et la période du VCO. Ce rapport doit être le plus proche possible de 0,5 pour une génération d'horloge. Une meilleure symétrie du montage permet d'obtenir un meilleur rapport cyclique.
- Bande passante de modulation : Capacité du VCO à répondre à une variation de la commande. [I-14], [I-15]
- Atténuation des fréquences harmoniques : La seconde harmonique est la plus difficile à filtrer et c'est donc sur elle que se portent en général les efforts pour l'atténuer. En effet, les fréquences harmoniques peuvent être utilisées notamment pour la multiplication de la fréquence du VCO, où seule la fréquence harmonique souhaitée est conservée.
- « Spurious » : Fréquences parasites différentes des harmoniques de la fréquence du VCO.
- « Pushing fréquentiel » : Variation de la fréquence du VCO due à une variation de la tension d'alimentation.
- « Pulling fréquentiel » : Variation de la fréquence du VCO due à une variation de la charge connectée en sortie. Pour diminuer ce phénomène, on peut utiliser un étage tampon en sortie du VCO.

- Bruit de phase SSB (Bande Unique ou Single Side Band): Il s'agit du bruit de phase (en dBc/Hz) qui a été étudié dans le chapitre suivant.
- Facteur de mérite (FOM: Figure Of Mérite) : C'est un paramètre (dont l'unité est le dBc/Hz) qui permet de comparer les VCOs en normalisant le bruit de phase par rapport à la fréquence d'oscillation et à la puissance consommée. Plus le facteur de mérite est faible (plus sa valeur en dB est négative), plus le VCO est stable en fréquence [I-16].

I. 5. 5. 2. Les oscillateurs à résonateur LC

Certain oscillateurs LC se basent sur la fréquence de résonance d'un filtre LC, $(F = \dfrac{1}{2\pi\sqrt{LC}})$ qu'il soit intégré ou non. Le schéma de principe (figure I-18) donne une simplification permettant de comprendre le fonctionnement avec les pertes associées au résonateur LC [I-17].

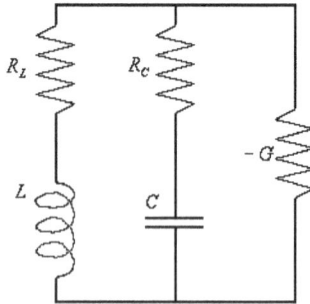

Figure I-18 : Schéma de principe d'un VCO-LC

La compensation de ces pertes est assurée par le circuit actif constitué par une réaction positive apportée sur l'amplificateur. Cette compensation est représentée par une conductance négative -G dont la valeur minimale est fournie par l'équation :

$$G = (R_L + R_c) (\omega_0 \, C)^2 \qquad \text{où} \quad \omega_0 = 2\pi F \qquad (I-11)$$

I. 5. 5. 3. Déférents types d'oscillateurs : simple ou différentielle

La conception d'un oscillateur contrôlé en tension VCO à base de résonateur LC, peut se faire par deux solutions envisageables. La première consiste à utiliser une architecture différentielle (ou croisée) et la seconde, une architecture simple, comme celle d'un oscillateur de type Colpitts [I-18].

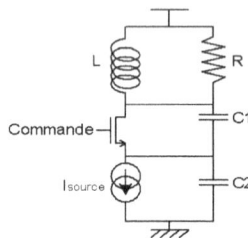

Figure I-19 : Structure d'un oscillateur de type Colpitts

Plusieurs avantages sont présentés par un oscillateur de type Colpitts simple comme les meilleurs critères en bruit cyclo-stationnaire ou la plus grande amplitude en tension sur le résonateur pour une consommation donnée. Cependant, il nécessite un plus grand gain qu'un VCO utilisant une structure croisée pour assurer le démarrage et il est plus sensible au bruit de mode commun de par sa construction. Ces inconvénients rendent donc cette architecture moins intéressante qu'une architecture différentielle lors de la conception d'oscillateurs intégrés. Des travaux [I-18] pour éliminer ces problèmes ont été récemment entrepris pour adapter ce circuit afin de l'utiliser dans le cadre d'un montage différentiel en couplant deux oscillateurs de type

Colpitts.

I. 5. 6. Comparaison des structures

I. 5. 6. 1. Structure simple ou différentielle

L'avantage d'une structure différentielle d'un résonateur permet, de diminuer le bruit de phase dû aux perturbations présentes sur l'alimentation et dans le substrat. Cette structure peut être employée aussi bien sur un oscillateur en anneau (deux transistors MOS pour contrôler le courant des inverseurs) que sur un circuit LC (diode varactor différentielle) [I-19]. Une illustration de l'intérêt d'une structure différentielle est présentée sur la figure ci dessous.

On constate sur la figure précédente que l'emploi de deux varactors évoluant en sens opposé par rapport à la tension de commande permet de diminuer la fluctuation de la fréquence du VCO causée par la variation de la capacité du circuit LC, et par conséquent la diminution des bruits du circuit.

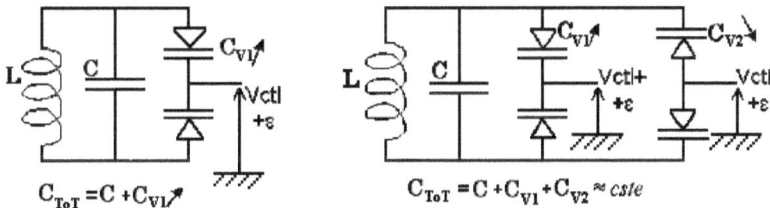

Figure I-20 : Utilité de la structure différentielle par rapport à une impulsion parasite sur la commande de l'oscillateur

I. 5. 4. 2. Structure simple ou double paire croisée

Dans un VCO basé sur un résonateur LC, il existe deux types de structure : CMOS et NMOS pour la compensation des pertes. La figure I- présente les deux types de structures dites simple paire croisée (NMOS ou PMOS) et double paire croisée (CMOS).

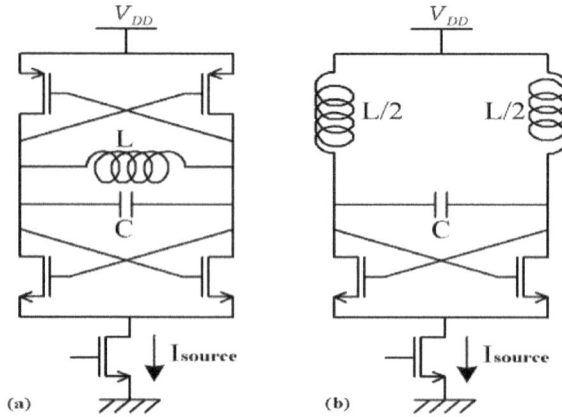

Figure I-21 : Structures (a) double paire croisée (CMOS) et (b) simple paire croisée
(NMOS)

La comparaison de ces deux structures [I-20] a montrée que les performances en bruit
sont nettement meilleures pour la structure CMOS que pour la structure NMOS. Ces différences
s'expliquent par le fait que les fronts montant et descendant de la structure double paire croisée
sont symétriques [I-21]. La conséquence de la symétrie des fronts montant et descendant est une
limitation du bruit en $1/f^3$. Ceci n'est pas évident si on prend en considération l'équation qui
définit la fréquence de coin du bruit en $1/f$:

$$f_{corner} = \frac{k}{C_{ox}WL} \frac{1}{4kT\gamma} \frac{g_m^2}{g_{do}} \qquad\qquad (I-12)$$

Avec K une constante, C_{ox} la capacité d'oxyde, W et L les dimensions du transistor, g_m la
transconductance et g_{do} la conductance du transistor MOS. Pour que l'amplitude sur le
résonateur soit constante afin de conserver des fonctionnements comparables, il faut doubler le
courant dans le montage à base de NMOS. La fréquence de coin de la densité spectrale de bruit
des transistors de la structure NMOS est donc la moitié de celle du montage CMOS pour le bruit
en $1/f$. Par contre, la conversion en bruit en $1/f^3$ est plus importante dans le montage NMOS. Ce
phénomène s'explique par la symétrie du montage CMOS qui offre donc des meilleures
performances de bruit en $1/f^3$.

De plus, la transconductance dans le circuit basé sur une structure CMOS est plus grande pour une consommation identique et permet donc une commutation plus rapide. Aussi l'injection de charges est plus rapide et le bruit de phase s'en trouve diminué [I-22].

Enfin, pour commuter les transistors dans le montage uniquement à base de transistors NMOS, il faut une plus forte différence de tension car la valeur DC sur le drain est celle de la tension d'alimentation.

I. 6. Moyens de mesures du bruit des résonateurs et des oscillateurs

Les fluctuations de la fréquence de résonance du résonateur à quartz limitent la stabilité de fréquence de l'oscillateur. Or ces fluctuations sont difficiles à mesurer car on doit limiter la puissance injectée dans le résonateur [23]. Et bien, nous donnons l'explication de fonctionnement d'un banc de mesure traditionnel à mélangeur saturé utilisé pour mesurer le bruit des résonateurs.

L'idée générale des bancs de mesure passifs consiste à réduire le plus possible le bruit de la source. Dans le cas d'une mesure, résonateur très faible bruit, le bruit de la source est toujours supérieur à celui du quartz. Une mesure directe avec un seul résonateur ne permet donc pas de mesurer son bruit propre. Ainsi, la mesure est effectuée par couple de résonateurs (QX_1 et QX_2). La contribution de la source est éliminée par suppression de la porteuse, c'est-à-dire par soustraction de deux signaux quasi-identiques si l'on utilise deux résonateurs dont les paramètres sont très voisins. Les bruits propres de chacun des résonateurs étant différents, ils ne sont pas éliminés par cette opération. Dans le cas idéal d'une suppression complète, le signal d'entrée de l'amplificateur, uniquement constitué par le bruit des résonateurs, peut être fortement amplifié sans saturer l'amplificateur. La détection de phase permet ensuite de ramener le bruit des résonateurs en basse fréquence pour en faire une analyse spectrale. Cela suppose que l'amplification amène le bruit des résonateurs à un niveau supérieur à celui de la source.

Pour l'étalonnage, le banc peut fonctionner en utilisant deux méthodes différentes. La première méthode consiste à injecter sur la source une raie latérale de modulation de fréquence dans la bande passante du résonateur dont on connaît l'atténuation par rapport à la porteuse pour obtenir un coefficient correcteur d'étalonnage.

La deuxième méthode d'étalonnage utilise une source de bruit blanc large bande connue placée à l'entrée d'une des branches du banc. Le banc commercial Femto-second CR200A, basé sur ce principe est schématisé sur la figure ci-dessous.

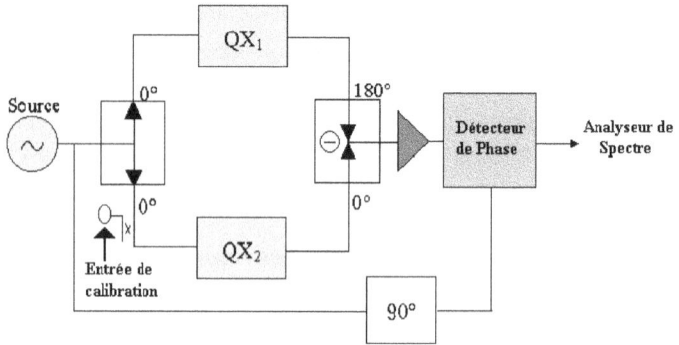

Figure I-22 : Principe du banc de mesure

Cependant, ce banc ne permet pas toujours la détermination du bruit intrinsèque des résonateurs métrologiques actuels.

Un autre principe du banc de mesure qui fonctionne à 5 et 10 MHz est le suivant : le signal fourni par une source de référence est divisé entre les deux bras de l'instrument où sont montés deux résonateurs à quartz. Les éléments réglables permettent d'obtenir deux signaux de même amplitude mais en opposition de phase. A l'entrée de l'amplificateur, la porteuse est supprimée, et l'amplificateur qui fonctionne alors en régime linéaire n'apporte pas de bruit supplémentaire. Les bandes latérales de modulation de phase sont ensuite détectées après amplification dans un mélangeur pompé par le signal de référence. La sensibilité démontrée de ce banc permet la détection de fluctuations relatives de fréquence au niveau de quelques 10^{-14} pour une puissance dissipée dans le résonateur de 50 µW.

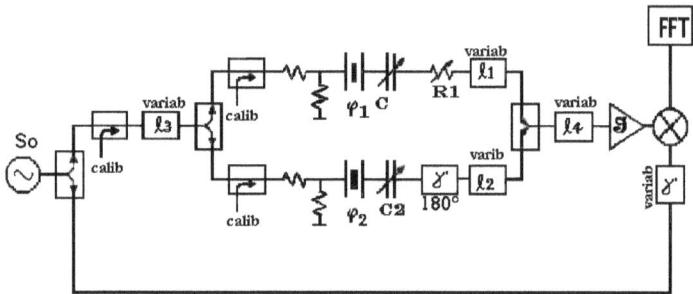

Figure I–23 : Principe du banc de mesure

Lorsque le résonateur est monté en oscillateur, la stabilité de sa fréquence d'oscillation peut être caractérisée par la densité spectrale de bruit de phase par une démodulation de phase du signal à étudier en asservissant, un signal de référence sur l'oscillateur au moyen d'une boucle de phase. La tension d'erreur de cet asservissement est alors proportionnelle aux fluctuations de phase de l'oscillateur à tester et de l'oscillateur de référence, pour les fréquences de Fourier situées à l'extérieur de la bande passante de l'asservissement. Cette tension amplifiée est envoyée sur un analyseur de spectre dynamique qui calcule et affiche la densité spectrale des fluctuations

Conclusion

Bien que les oscillateurs représentent la partie importante d'un système de communication, puisque une mauvaise émission ou réception est causé par les effets des erreurs introduites par le circuit qui module le signal transportant l'information. D'où ce circuit doit être aussi fiable que possible pour permettre une meilleure qualité de communication.

Certaines applications en micro-onde demandent des fréquences plus stables que d'autres, la raison pour laquelle on consacre ce chapitre pour étudier les caractéristiques et les performances de quelques types d'oscillateurs afin de connaître les chemins d'amélioré leurs qualité de fonctionnement et les remèdes de minimiser les perturbations provenant de ce système.

Donc le but de ce chapitre est d'extraire les points forts pour l'analyse d'un oscillateur afin d'optimiser les performances en bruit qui représente la principale contrainte des applications visées, ceci nous emmène à trouver un structure double paire croisée à base de résonateur LC qui offre les meilleures performances en bruits de phase et qui sera validé par la simulation en ADS dans le troisième chapitre.

Références du chapitre I

[1] K.KUROKAWA, "Injection locking of microwave solid-state oscillators" Proc IEEE, vol 61, n°10, October 1973

[2] E.L. HOLZMAN, R.S. ROBERTSON, "Solid - state microwave power oscillator design" Ed. Artech House, 1992

[3] R. SOARES, J. GRAFFEUIL, J. OBREGON, "Application des transistors à effet de champ en Arséniure de Gallium", Collection Technique et Scientifique des Télécommunications, CNES - ENST, Eyrolles, Paris, 1984

[4] D. KAJFEZ, P. GUILLON, A. P. S. KHANNA, "Dielectric Resonators"

[5] P. MAURIN, E. LAPORTE, B. BRANGER, J. C. NALLATAMBY, D. REFFET, M. PRIGENT "Design of low phase noise MMIC reproducible X band DRO"EMC, Pragues,1996

[6] P. MAURIN, S. PEREZ, P. BOUQUET, D. FLORIOT, J. OBREGON, S. L. DELAGE " Conception d'un oscillateur HBT GaInP / GaAs très faible bruit de phase : -124 dBc/ Hz à 10 kHz en bande C" JNM Saint Malo, 1997

[7] M. FUNABASHI, T. INOUE, K. OHATA, K. MARUHASHI, K. HOSOYA, M. KUZUHARA, K. KANEKAWA, Y. KOBAYASHI "A 60 GHz MMIC stabilized frequency source composed of a 30 GHz DRO and a doubler" IEEE MTT-S Digest, Orlando, 1995

[8] J. VERDIER, "Etude et modélisation des transistors à effet de champ micro-ondes à basse température. Application à la conception d'oscillateurs à haute pureté spectrale" Thèse de doctorat de L'Université Paul Sabatier de Toulouse, 1997

[9] M. PRIGENT, M. CAMIADE, G. PATAUD, D. REFFET, J. M. NEBUS, J.OBREGON "High efficiency free running class F oscillator" IEEE MTT - S Digest, Orlando, 1995

[10] J.A.Crawford – Frequency Synthesizer Design Handbook, pp112-113, Artech House, 1994

[11] M.Gris – Wideband Low Phase Noise Push-Push VCO, pp28-32, Applied Microwave & Wireless

[12] C-H. Park, Beomsup Kim ; «A Low-noise , 900MHz VCO in 0.6⌈m CMOS », *IEEE Journal of Solid-State Circuits*, Volume 34, Issue 5, pp 586-591, May 1999

[13] R. J. Betancourt-Zamora, A. Hajimiri, T. H. Lee ; « A 1.5mW, 200MHz CMOS for Wireless Biotelemetry », *First International Workshop on Design of Mixed-Mode Integrated Circuits and Applications*, pp 72-74, July 1997

[I-14] Universal Microwave Corporation; « VCO Application Notes »

[I-15] http://www.minicircuits.com/appnote/an95003.pdf; « Glossary of VCO Terms»

[I-16] R. L. Bunch, « A Fully Monolithic 2.5GHz LC Voltage Controlled Oscillator in

[I-17] P. Andreani, S. Mattisson; « A 1.8GHz CMOS VCO Tuned by an ccumulation-Mode Varactor », *IEEE International Symposium on Circuits and systems*, Volume 1, pp 315-318, May 2000

[I-18] R. Aparicio, A. Hajimiri ; « A CMOS Differential Noise-Shifting Colpitts VCO», *IEEE International Solid-State Circuits Conference*, Digest of Technical Papers, Volume 1, pp 288-289 , 2002

[I-19] A. ElSayed, A. Ali, M. I. Elmasry ; « Differential PLL for Wireless Applications using Differential CMOS LC-VCO and Differential Charge Pump », *Proceedings of the International Symposium on Low Power Electronics and Design*, pp 243-248, 1999

[I-20] A. Hajimiri, T. H. Lee; « Design Issues in CMOS Differential LC Oscillators », *IEEE Journal of Solid-State Circuits*, Volume 34, No 5, pp 717-724, May 1999

[I-21] A. Hajimiri, T. H. Lee; « Phase Noise in CMOS Differential LC Oscillators »,
Symposium on VLSI Circuits Digest of Technical Papers, pp 48-51, 1998

[I-22] H. Wang, A. Hajimiri, T. H. Lee; « Comments on : Design Issues in CMOS Differential LC Oscillators [and reply] », *IEEE Journal of Solid-State Circuits*, Volume 35, No 2, pp 286-287, February 2000

[23] P. Salzenstein[1], F. Sthal[2], S. Galliou[2], E. Rubiola[3], V. Giordano[1] et R. Brendel[1]
WORKSHOP "Bruit en régime linéaire et non -linéaire dans les composants et circuits de Télécommunications", La Grande Motte, France, 7-8 juin 2004

Chapitre II :
BRUIT DE PHASE

BRUIT DE PHASE

II. 1. Principe de génération

De nombreux bruits dans un oscillateur sont mis en jeu à la fluctuation du signal de sortie. Dans ce chapitre on traite le cas du bruit de phase et les phénomènes qui causent sa naissance, ainsi que les modèles et les méthodes servant à sa détermination.

II. 2. Sources de bruit

II. 2. 1. Bruit dans les semi-conducteurs

Les mécanismes qui provoquent des perturbations sont de natures différentes appelées bruit. Ce bruit possède des origines multiples classées dans la suite du chapitre.

Ces phénomènes rend le rôle du bruit dans un système important, et mérite une bonne concentration pour la conception de ces circuits [II-1][II-2].

II. 2. 2. Densité spectrale de puissance

La quantification du bruit est caractérisée par sa densité spectrale de puissance.

Si on pose x(t) le signal aléatoire qui peut représente le courant i(t) ou la tension v(t), alors on définit les grandeurs suivantes:

- La valeur moyenne $\overline{x(t)}$ de x(t) :

$$\overline{X(T)} = \lim_{T \to \infty} \frac{1}{2T} \int_{-T}^{T} X(T) dt \qquad (II\text{-}1)$$

La valeur quadratique moyenne $\overline{X^2(T)}$ du signal x(t) est :

$$\overline{X^2(T)} = \lim_{T \to \infty} \frac{1}{2T} \int_{-T}^{T} X^2(T) dt \qquad (II\text{-}2)$$

La densité spectrale de puissance $S_x(f)$, constante dans la bande de fréquence Δf :

$$S_X(f) = \frac{\overline{X_f^2}}{\Delta f} \qquad (II\text{-}3)$$

Avec x^2 la valeur quadratique moyenne du signal de bruit x(t) dont la fréquence est dans d'une bande de fréquence Δf.

On obtient les équations de la densité spectrale de puissance en tension et en courant :

$$S_i(f) = \frac{\overline{i_f^2}}{\Delta f} \tag{II-4}$$

$$S_v(f) = \frac{\overline{v_f^2}}{\Delta f} \tag{II-5}$$

Tel que Δf une bande de 1 Hz, $i^2(f)$ et $v^2(f)$ sont les moyennes quadratiques de courant et de tension de bruit.

II. 2. 3. Bruit de jonction des semi-conducteurs

Il existe deux types de bruit de jonction : le bruit de grenaille et le bruit d'avalanche.

II. 2. 3. 1. Le bruit de grenaille (« shot noise »)

Le courant n'est pas uniforme lorsqu'il passe par une jonction, il résulte de la superposition des impulsions élémentaires. Ce caractère granulaire est à l'origine du bruit de grenaille. Il s'agit d'un bruit blanc dont la densité spectrale de puissance est la suivante :

$$S_i(f) = 4 \, k.T.Re(Y) - 2 \, q \, I \tag{II-6}$$

Soit, k la constante de Boltzmann, T la température en Kelvin, $Re(Y)$ est la partie réelle de l'admittance de la jonction, q la charge élémentaire d'un électron et I le courant moyen. Si la jonction de l'admittance est idéale, $Re(Y) = q \, I / k \, T$ et la densité spectrale de puissance égale à : $Si (f) = 2 \, q \, I$.

Ces sources de bruit présentes dans les composants sont modélisées par des générateurs de tension et de courant ramenés aux accès du transistor, par exemple en entrée comme le montre la figure II –1

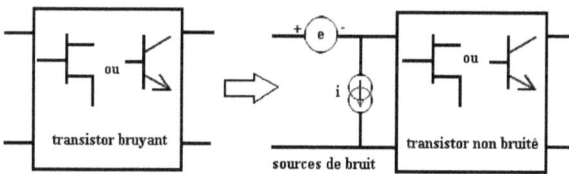

Figure II - 1 : Transistor bruité par ces sources équivalentes
en bruit

II. 2. 3. 2. Le bruit d'avalanche

Il est causé par la rupture des liaisons atomiques lorsqu'un trop fort champ électrique est appliqué au niveau d'une jonction polarisée en inverse. Ce bruit est caractéristique de l'effet

Zener et sa densité spectrale de puissance est semblable à celle du bruit de grenaille multipliée par un facteur multiplicatif M compris entre 1et10:

$$Si(f) = 2\,M\,q\,I \qquad \text{(II-7)}$$

II. 2. 4 - Bruit en excès

Ce bruit engendré par les défauts du matériau, il provient du flux de porteurs qui se déplace dans les couches de semi-conducteur ou à leurs interfaces. Ce bruit en excès est définit en trois catégories : le bruit de génération-recombinaison, le bruit de scintillation ou bruit en 1/f et le bruit en créneau ou RTS (**R**andom **T**elegraph **S**ignal).

II. 2. 4. 1. Le bruit de génération – recombinaison

Il est généré au niveau du semi-conducteur par les fluctuations de porteurs. La naissance de ce bruit soit la génération – recombinaison de paires électron – trou, soit la libération et le piégeage de porteurs entre la bande de valence et la bande de conduction, soit l'ionisation spontanée de centre de donneurs.

La densité spectrale de puissance de ce bruit est :

$$S_i(f) = \frac{\overline{\Delta N^2}}{(nV)^2}\frac{4\tau}{1+(2\pi f)^2\tau^2}I^2 \qquad \text{(II-8)}$$

Avec :

I : le courant moyen traversant le semi-conducteur,

n : la densité volumique de porteurs de charges,

V : le volume du matériau étudié,

τ : le temps de relaxation,

ΔN : la valeur quadratique moyenne des fluctuations du nombre de porteurs.

II. 2. 4. 2. Le bruit de scintillation (« flicker noise ») ou bruit en 1/f

Les origines de ce bruit ne sont pas claires et à cause de l'absence d'une théorie unique permettant de modéliser ce bruit, l'équation exprimant le bruit de scintillation contient toujours un paramètre empirique. Son nom est bruit en 1/f car sa densité spectrale de puissance est inversement proportionnelle à la fréquence. La variation de la conductivité du matériau crée la présence de ce bruit. Cette variation est décrite par deux théories différentes : Mc Worther explique la présence de bruit en 1/f par la variation du nombre de porteurs alors que Hooge l'explique par un changement de la mobilité. La densité spectrale de courant de bruit de scintillation peut s'exprimer comme la somme des densités spectrales de bruit en 1/f engendrées par les fluctuations du nombre des porteurs et par les fluctuations de mobilité [II-3]:

$$S_i(f) = \frac{\gamma h}{f^\alpha N} I^2 \qquad \text{(II-9)}$$

γh est le coefficient de Hooge global : γh = αh + βh, αh la fluctuation du nombre de porteurs et βh la fluctuation de mobilité,

- f : la fréquence de travail,
- α : un coefficient généralement compris entre 0,5 et 1,6,
- N : le nombre de porteurs,
- I : le courant de porteur libre de l'échantillon.

En générale, le bruit de scintillation d'un transistor MOS est exprimé par l'équation suivante :

$$S_i(f) = \frac{k}{f} \frac{g_m^2}{WLC_{ox}^2} \qquad \text{(II-10)}$$

Avec k est un coefficient lié à la technologie, g_m la transconductance du transistor MOS, W et L les dimensions du transistor MOS et C_{ox} la capacité d'oxyde.

Dans le cas d'un canal court, on obtient l'expression suivante :

$$S_i(f) = \frac{k}{f} \frac{\mu^2 E_{sat}^2 W}{4L} \qquad \text{(II-11)}$$

Avec μ la mobilité des électrons dans le matériau, E_{sat} le champ électromagnétique défini par : $E_{sat} = 2v_{sat}/\mu$ (v_{sat} la vitesse de saturation du matériau).

Si le canal est long, l'équation est :

$$S_i(f) = \frac{k}{f} \frac{\mu^2 W (V_{gs} - V_{th})^2}{L^3} \qquad \text{(II-12)}$$

Tel que V_{gs} la tension grille – source du transistor MOS, V_{th} la tension de seuil de commutation du transistor MOS.

Le bruit de scintillation des résistances est de la forme :

$$S_v(f) = \frac{k}{f} \frac{R^2}{A} V^2 \qquad \text{(II-13)}$$

Sachant que R□ la résistivité du matériau, A l'aire de la section de la résistance, V la tension appliquée aux bornes de la résistance et K un coefficient lié à la technologie, en général : k = 5.10^{-28} S^2 m^2 pour une technologie CMOS.

II. 2. 4. 3. Le bruit en créneau ou RTS : Il ressemble à des signaux carrés bruités dont la fréquence est variable. Nommé aussi « burst noise » ou « pop-corn noise». Son origine est difficile à identifier et l'hypothèse retenue est que ce bruit provient du piégeage-dépiégeage des porteurs qui cause la fluctuation de la conductance. Sa densité spectrale de courant est exprimée par :

$$S_i(f) = \frac{\overline{\Delta N^2}}{N^2} \frac{4\tau}{1+(2\pi f)^2 \tau^2} I^2 \qquad (II\text{-}14)$$

Où $\overline{\Delta N^2}$ la valeur quadratique moyenne des fluctuations du nombre de porteurs, N le nombre de porteurs, τ le temps de relaxation et I le courant moyen. Cette expression est similaire à celle du bruit de génération – recombinaison. La raison pour laquelle les deux bruits sont parfois associés même s'ils ont d'origines différentes.

II. 2. 5. Bruit de diffusion

Il est causé par les interactions entre les électrons circulant dans le circuit et le réseau cristallin du semi-conducteur. On peut citer trois types de bruit de diffusion :

II. 2. 5. 1. Le bruit thermique

C'est un d'un bruit blanc provoqué par les collisions des porteurs de charge. Sa densité spectrale de puissance est constante et a pour équation :

$$S_v(f) = 4\,k\,T\,Re(Z) \quad \text{ou} \quad S_i(f) = 4\,k\,T\,Re(Y) \qquad (II\text{-}15)$$

Tel que Z et Y respectivement l'impédance et l'admittance du composant, T la température en Kelvin et k la constante de Boltzmann.

Pour une résistance Le bruit thermique est défini par :

$$S_v(f) = 4\,k\,T\,R \qquad \text{ou} \qquad S_i(f) = 4\,k\,T\,/R \qquad (II\text{-}16)$$

Où R la valeur de la résistance.

Il existe deux sources de bruit thermique dans les transistors MOS. L'une est entre le drain et la source alors que l'autre est entre la grille et la source. La densité spectrale de bruit entre le drain et la source s'exprime par :

$$S_{i_d}(f) = \frac{4k\,T\gamma I_{bias}}{L\,E_{sat}} \qquad (II\text{-}17)$$

Dans le cas d'un canal court, $\gamma = 4$ et pour un canal long $\gamma = 4/3$, I_{bias} le courant drain-source du transistor MOS, L la longueur du canal du transistor, T la température en Kelvin, k la constante de Boltzmann et E_{sat} le champ électromagnétique ($E_{sat} = 2v_{sat}/\mu$, v_{sat} la vitesse de saturation du matériau).

La densité spectrale de puissance de bruit entre grille et source est :

$$S_{i,g}(f) = \frac{4k\,T\delta\omega^2 C_{gs}^2\,L\,E_{sat}}{5I_{bias}}$$ \hfill (II-18)

Pour un canal court $\delta = 2$, et pour un canal long $\delta = 2/3$, ω la pulsation d'étude, Cgs la capacité grille – source du transistor MOS.

II. 2. 5. 2. Le bruit quantique

Ce bruit est lié à la physique du semi-conducteur et il a la même origine que le bruit thermique. Son influence n'est significative que pour des fréquences élevées [II-4]. Mais pour les oscillateurs, on s'intéressera plus à l'étude du bruit thermique car l'autre est négligeable.

II. 2. 5. 3. Le bruit d'électrons chauds

causé par une variation de la mobilité des électrons et du coefficient de diffusion sous l'effet d'un champ électrique et dépend des conditions de fonctionnement du semi-conducteur.

II.3. Le bruit de phase dans les oscillateurs

Puisque on a cité les différentes sources de bruit dans les composants semi-conducteurs, on va maintenant analyser leurs impacts sur les signaux de sortie d'un oscillateur.

On commence par analyser un système de communication sans fils, tel que un signal radiofréquence modulé par une information source en bande de base et la transmise par voie hertzienne à travers une antenne.

Via une autre antenne le signal modulé sera capté par le récepteur, puis démodulé et envoyer vers un système d'estimation des données sources.

Le schéma ci-dessous présente le principe d'une liaison radio unilatérale.

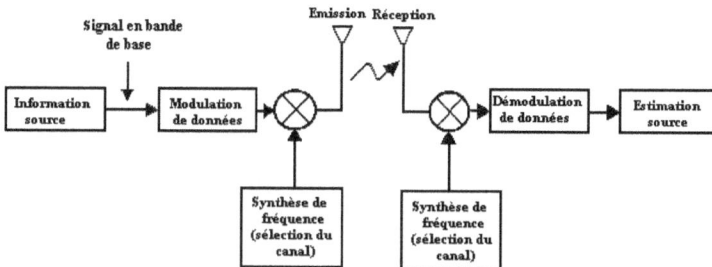

Figure II-2 : Schéma fonctionnel d'une liaison radio

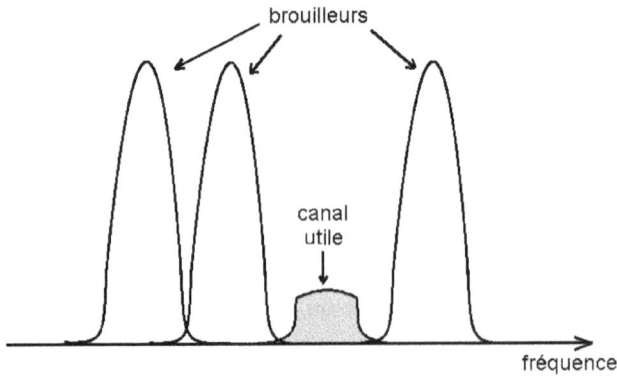

Figure II-3 : Inconvénient du bruit de phase sur le signal.

On considère comme système de communication sans fils le GSM (**G**lobal **S**ystem for **M**obile **C**ommunication). Pour sélectionner le canal souhaité il faut accorder au récepteur un filtre passe bande dont le facteur de qualité est très élevé pour éliminer le bruit.

On remarque alors que le bruit est important autour de la bande de fonctionnement qui conduit à une mauvaise réception du signal. Cette raison fait l'objet de notre sujet pour l'étude et l'analyse du bruit de phase dans les oscillateurs.

II. 3. 1. Bruit de phase dans le domaine temporel : « Jitter »

Le bruit de phase est un phénomène qui se traduit dans le domaine temporel, par le « jitter ». Ce paramètre peut s'exprimer pour un oscillateur, par une variation aléatoire ΔT_{VCO} de sa période T_0 (Figure II-2).

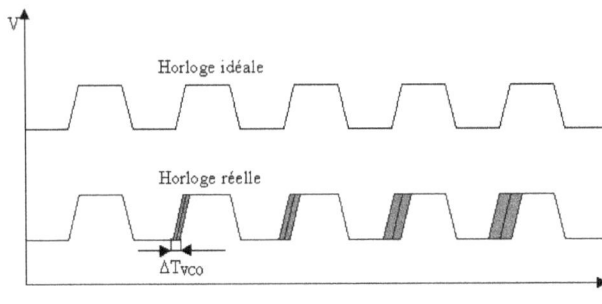

Figure II-4 : « Jitter » de période

La relation qui lie la variation de phase et la variation de période est :

$$\Delta\phi = 2\pi \frac{\Delta T}{T_0} = \omega_0.\Delta T \qquad \text{(T}_0 \text{ est la période de l'horloge idéale)} \qquad \text{(II-19)}$$

On déduit alors la variance du « jitter » de phase σ_ϕ^2 et un « jitter » de période gaussien de moyenne nulle et de variance $\overline{\Delta t_{vco}^2}$, [II-5].

$$\sigma_\phi^2 = (2\pi)^2 \left(\frac{\Delta t_{vco-rms}}{T_0} \right)^2 \qquad \text{(II-20)}$$

On arrive enfin au bruit de phase $L(f)$ pour la région de bruit en $1/f^2$:

$$L(f) = 10\log\left(\frac{f_0}{f^2} \left(\frac{\Delta t_{vco-rms}}{T_0} \right)^2 \right) \qquad \text{(II-21)}$$

Il existe une fonction plus générale qui relie les deux grandeurs physiques :

$$\overline{\Delta t_{tot}^2}(t) = \int_{1/t}^{\infty} S_\phi(f)df \qquad \text{(II-22)}$$

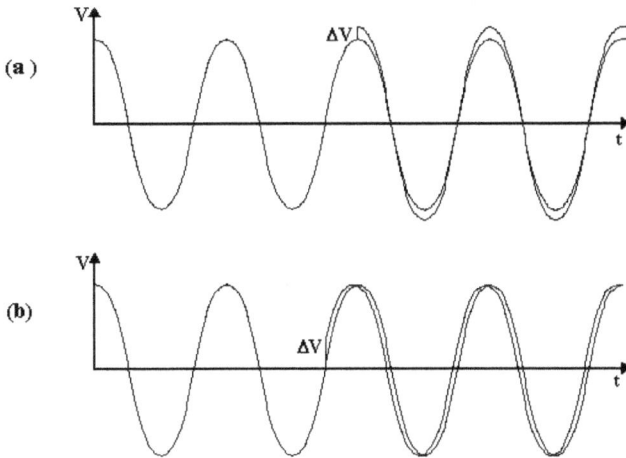

Figure II-5 : Influence du bruit de phase sur la tension de la sortie d'un oscillateur

Pour caractériser l'influence du bruit de phase d'un oscillateur, on considère deux cas (Figure II-5) tels que dans le premier cas la perturbation s'ajoute à l'amplitude de la tension de sortie qui s'atténuera après quelques oscillations.

Dans le second cas, les oscillations seront décalées d'une variation de phase et ce décalage ne sera pas atténué.

II. 3. 2. Bruit de modulation de phase et d'amplitude

La naissance de l'oscillation est obtenue en présentant, aux éléments passifs, une résistance négative générée par l'élément actif de l'oscillateur. C'est pour cela qu'un oscillateur est un dispositif autonome générant un signal périodique, dont l'amplitude est limitée par le phénomène de saturation de la part de l'élément actif. Cependant le signal d'oscillation sera mélangé avec les sources de bruit basses fréquences à cause du comportement non linéaire de l'oscillateur. La figure ci-dessous explique le phénomène de conversion de fréquences basses autour de la fréquence d'oscillation f_0.

Le phénomène de conversion de fréquence est identique à une modulation du signal à la fréquence f_0 par le spectre de bruit. Donc Le signal de sortie de l'oscillateur est semblable à un signal modulé en amplitude et en phase (ou fréquence) par les sources de bruit.

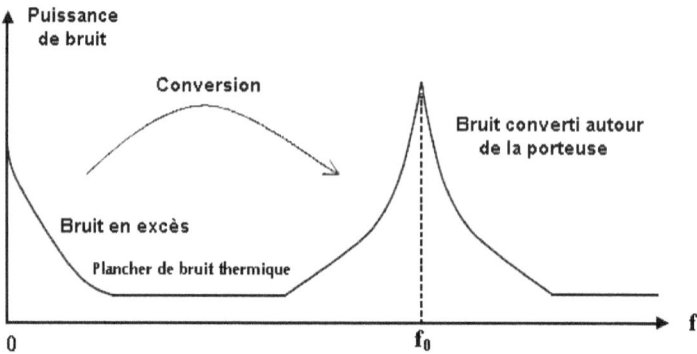

Figure II-6 : Illustration du mécanisme de conversion du bruit basse
fréquence autour du signal d'oscillation

II. 3. 2. 1. Définitions du bruit d'un oscillateur

Dans le cas idéal le signal de sortie d'un oscillateur est représenté par [I-12] :

$$V_s (t) = A.\cos (\omega_0 t) \tag{II-23}$$

Où :

- A : l'amplitude du signal,

- ω_0 : la pulsation d'oscillation telle que $\omega_0 = 2\pi f_0 = \dfrac{d\phi_0}{dt}$ avec ϕ_0 la phase instantanée

du signal.

On peux assimilé le signal de sortie de l'oscillateur à un signal modulé en

amplitude et en phase (ou en fréquence). On obtient ainsi :

$$V_s (t) = A(t).\cos(\omega_0 t + \Delta\phi(t)) \tag{II-24}$$

Avec :

$$A (t) = A + \varepsilon(t)$$

$\varepsilon(t)$ représente la modulation d'amplitude donc le bruit de modulation d'amplitude,

$\Delta\phi(t)$ représente la modulation de phase et correspond au bruit de modulation de phase.

Pour la modulation de fréquence, il correspond au bruit le terme $\Delta f(t)$:

$$\Delta f(t) = \frac{1}{2\pi} \frac{d\phi(t)}{dt} \tag{II-25}$$

Les bruits de fluctuation qui affectent le signal d'oscillation ont les mêmes propriétés d'où on peut les caractériser par une densité spectrale. Dans le domaine fréquentiel on peut considérer la distribution de puissance d'une variable aléatoire comme une fonction continue. Par conséquent, on associe au bruit de modulation de phase, et au bruit de modulation de fréquence respectivement la densité spectrale de bruit de phase $S_{\Delta\phi}(f)$, et la densité spectrale de bruit de fréquence $S_{\Delta f}(f)$ qui sont reliées par la relation :

$$S_{\Delta f}(f) = f^2 . S_{\Delta\phi}(f) \tag{II-26}$$

Pour la modulation d'amplitude on a $S_A(f)$ la densité spectrale associée.

Pour un oscillateur l'étude de La pureté spectrale du signal de sortie est déterminée connaissant $S_A(f)$ et $S_{\Delta\phi}(f)$. Compte tenu de la difficulté de mesurer le bruit d'amplitude, ce dernier est considéré négligeable devant le bruit de phase.

II. 3. 2. 2. Le bruit de modulation de phase ou de fréquence

Par la modulation en phase du signal d'oscillation à la fréquence f_0 par du bruit, on obtient le spectre du signal de sortie d'un oscillateur représenté à partir [II-6, II-7], sur la figure II-7.

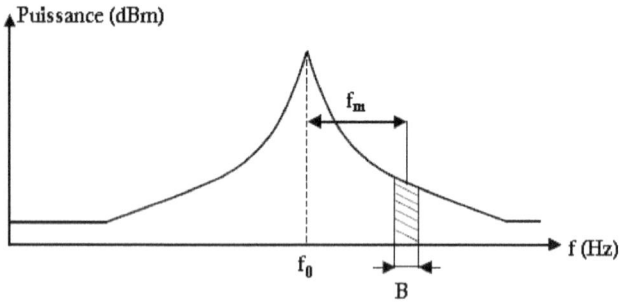

Figure II-7 : Spectre du signal de sortie d'un oscillateur

Ce spectre est défini par une densité spectrale de bruit de phase $S_{\Delta\phi}(f_m)$ associée à la variable aléatoire $\Delta\phi(t)$ et fonction de la distance en fréquence à la porteuse (f_m). Si la largeur de bande B est considérée petite, alors la puissance contenue dans cette bande à une distance f_m de la porteuse, vaut :

$$P = S_{\Delta\phi}(f_m).B \qquad\qquad (II\text{-}27)$$

Supposant que le signal de sortie de l'oscillateur à la fréquence f_0 est modulé par un signal sinusoïdal idéal de fréquence f_m, on obtient une grandeur aléatoire plus facile à décrire.

$$V_s(t) = A.\cos[\omega_0 t + m.\sin(\omega_m t)] \qquad\qquad (II\text{-}28)$$

Où :

$$m = -\frac{\Delta f_{max}}{f_m} = -\frac{\Delta\omega_{max}}{\omega_m} : \text{L'indice de modulation}$$

On considère que l'indice de modulation m inférieur à un, compte tenu du faible niveau d'amplitude des sources de bruit. Le phénomène peut être décrit comme une modulation à faible indice, ainsi, en utilisant les relations de Bessel et en négligeant les termes d'ordre supérieur à deux du développement, on trouve :

$$V_s(t) = A\cos(\omega_0 t) + \frac{m}{2}A.\left[\cos((\omega_0 + \omega_m).t) - \cos((\omega_0 - \omega_m).t)\right] \qquad\qquad (II\text{-}29)$$

Le spectre du signal de sortie de l'oscillateur a l'allure suivant :

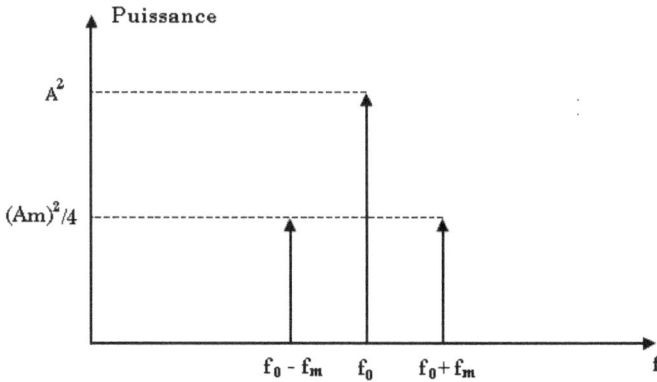

Figure II-8 : Spectre du signal modulé en phase

La puissance de chaque raie latérale est :

$$P = \frac{A^2 m^2}{4} = \frac{A^2 \Delta f_{max}^2}{4 \; f_m^2} \qquad (II-30)$$

En effet, on s'intéresse plus à l'écart relatif de puissance existant entre la porteuse et les raies latérales à $f_0 + f_m$ et $f_0 - f_m$ qu'à la puissance de chaque raie latérale. Si la puissance de la porteuse est égale à 1 ($A = 1$), et si la puissance de la raie à une distance f_m de la porteuse est identifiée avec la puissance de bruit de modulation de phase dans une bande B, et d'après la relation (II-32) on a

$$\frac{m^2}{4} = S_{\Delta\phi}(f_m).B = \left(\frac{\Delta f_{max}}{f_m}\right)^2 \frac{1}{4} = \frac{\text{puissance de bruit dans la bande latérale B}}{\text{puissance de la porteuse}} \qquad (II-31)$$

- La fluctuation de fréquence maximale :

$$\Delta f_{max} = 2.f_m \sqrt{S_{\Delta\phi}(f_m).B} \qquad (II-32)$$

- la fluctuation de fréquence efficace telle que $\Delta f_{eff} = \dfrac{\Delta f_{max}}{\sqrt{2}}$

$$\Delta f_{eff} = f_m \sqrt{2.S_{\Delta\phi}(f_m).B} \qquad (II-33)$$

Le bruit de phase à une distance f_m de porteuse

$$N(Hz/\sqrt{Hz}) = \frac{\Delta f_{eff}}{\sqrt{B}} = f_m \sqrt{2.S_{\Delta\phi}(f_m)} \qquad (II-34)$$

Le bruit de phase est défini comme le rapport de la puissance d'une bande latérale de largeur 1 Hz sur la puissance de la porteuse, d'où :

$$\left(\frac{N}{C}\right)_{\Delta\phi} = \frac{m^2}{4} = S_{\Delta\phi}(m) \qquad (II-35)$$

L'unité du bruit de phase est le dBc/Hz, soit dB par rapport à la porteuse dans une bande de 1Hz

$$\left(\frac{N}{C}\right)_{\Delta\phi\, dBc} = 10\log S_{\Delta\phi}(f_m) = 20\log\frac{\Delta f_{max}}{2f_m} = 20\log\frac{\Delta f_{eff}}{\sqrt{2f_m}} \qquad (II-36)$$

L'expression du bruit de fréquence, en dBc/Hz, se déduit de (II-41) à partir de (I-31) :

$$\left(\frac{N}{C}\right)_{\Delta f\, dBc} = 10\log(f_m^2.S_{\Delta\phi}(f_m)) = \left(\frac{N}{C}\right)_{\Delta\phi\, dBc} + 20\log(f_m) \qquad (II-37)$$

On constate que la pente du bruit de fréquence est supérieure de 20 dB/décade par rapport à celle du bruit de phase.

II. 3. 2. 3. Bruit de modulation d'amplitude [II-4]

On suppose une onde d'amplitude unité, de fréquence f_0 modulée en amplitude par du bruit de densité $S_A(f)$. La puissance contenue dans une bande B, supposée petite et centrée à une fréquence f_m de la porteuse est donnée par :

$$P = S_A(f_m).B \qquad (II-38)$$

Si on module cette onde par un signal sinusoïdal pur à la fréquence f_m, avec un indice de modulation faible m. Alors la puissance sur une des deux bandes latérales est :

$$P = \frac{m^2}{4} \qquad (II-39)$$

D'après les relations (II- 43) et (II-44) on a :

$$\frac{m^2}{4} = S_A(f_m).B \qquad (II-40)$$

Le bruit d'amplitude s'exprime alors :

$$\left(\frac{N}{C}\right)_{A\, dBc} = 10.\log\frac{m^2}{4} = 10.\log\left(S_A(f_m).B\right) \qquad (II-41)$$

II. 4. Méthode d'analyse du bruit de phase dans les oscillateurs

Il existe plusieurs méthodes d'analyse du bruit de phase, mais on s'intéresse dans cette partie que pour la méthode des matrices de conversion [II-4, II-8, II-9], à cause de la simplicité et de l'efficacité de cette dernière pour l'analyse.

II. 4. 1. Méthode des matrices de conversion

Cette méthode permet de calculer les bruits de modulations d'amplitude et de phase des oscillateurs en considérant des variations de faible amplitude de bruit autour de signaux utiles de forte amplitude. Le fondateur de la méthode des matrices de conversion est Penfield.

Nous présentons d'abord la relation existant entre les spectres de bruit de modulation de phase et d'amplitude d'un oscillateur et les tensions ou courants de bruit résultant du phénomène de conversion, avant d'expliquer la méthode d'analyse.

II. 4. 1. 1. Bruit de modulation de phase et d'amplitude à partir des tensions de bruit

D'après ce qui précède on a constaté que le signal d'oscillation est modulé en phase et en amplitude par les sources de bruit basses fréquences des composants. Dans ces conditions la tension de sortie de l'oscillateur est de la forme :

$$V(t) = Re\left[A_0 \left[1 + \frac{\delta A(t)}{A_0} \right] . e^{j\left(\omega_0 t + \phi_0 + \delta\phi_0(t)\right)} \right] \qquad (II-42)$$

Avec

- A_0 est l'amplitude de la tension d'oscillation,
- ϕ_0 est la phase,
- $\delta A(t)$ et $\delta\phi(t)$ sont respectivement les fluctuations de phase et d'amplitude dues au bruit.

Puisque la modulation est de faible indice $\delta\phi(t)$ et $\frac{\delta A(t)}{A_0}$ sont très inférieurs à un.

Donc, $e^{j\delta\phi(t)}$ est peu différent de $1 + j\ \delta\phi(t)$.

Supposant les signaux modulants comme des sinusoïdes pures de pulsation Ω et de faibles indices de modulation, alors :

$$\delta A(t) = Re\left[\Delta A . e^{j\Omega t} \right] \qquad \text{Avec } \Delta A = \Delta A . e^{j\phi_a} \qquad (II-43)$$

$$\delta\phi(t) = Re\left[\Delta\phi . e^{j\Omega t} \right] \qquad \text{Avec } \Delta\phi = \Delta\phi . e^{j\phi_\phi} \qquad (II-44)$$

Où ΔA et $\Delta\phi$ sont les valeurs crêtes des signaux $\delta A(t)$ et $\delta\phi(t)$.

Avec les relations (II-42), (II-43) et (II-44), on a pour la tension V(t), cette expression :

$$V(t) = Re\left[A_0.e^{j(\omega_0 t + \phi_0)} + A_0.e^{j(\omega_0 + \Omega)t}.e^{j\phi_0}\left(j\frac{\Delta\phi}{2} + \frac{\Delta A}{2A_0} \right) + A_0.e^{j(\omega_0 - \Omega)t}.e^{j\phi_0}\left(j\frac{\Delta\phi *}{2} + \frac{\Delta A *}{2A_0} \right) \right]$$

(II-45)

Avec: $\omega_\Sigma = \omega_0 + \Omega$ et $\omega_\Delta = \omega_0 - \Omega$ les pulsations des deux raies latérales de la porteuse de ce signal, on a donc :

$$V(t) = Re\left[A_0.e^{j(\omega_0 t + \phi_0)} + V_\Sigma.e^{j\omega_\Sigma t} + V_\Delta.e^{j\omega_\Delta} \right] \qquad \text{(II-46)}$$

Les amplitudes des deux raies sont complexes et définies respectivement par $V_\Sigma = \hat{V}_\Sigma.e^{j\phi_\Sigma}$

et $V_\Delta = \hat{V}_\Delta.e^{j\phi_\Delta}$

En identifiant (II-50) et (II-51), il vient :

$$V_\Sigma = A_0.e^{j\phi_0}\left(j\frac{\Delta\phi}{2} + \frac{\Delta A}{2A_0} \right) \qquad \text{(II-47)}$$

et

$$V_\Delta = A_0.e^{j\phi_0}\left(j\frac{\Delta\phi *}{2} + \frac{\Delta A *}{2A_0} \right) \qquad \text{(II-48)}$$

Les variations de phase et d'amplitude en fonction des tensions des bandes latérales sont déduites des relations (II-46) et (II-47) :

$$\Delta\phi = j\frac{e^{j\phi_0}.V_\Delta^* - e^{-j\phi_0}.V_\Sigma}{A_0} \qquad \text{(II-49)}$$

Et

$$\Delta A = e^{j\phi_0}.V_\Delta^* + e^{-j\phi_0}.V_\Sigma \qquad \text{(II-50)}$$

On déduit La densité spectrale de bruit de phase :

$$S_\phi(f) = \overline{|\Delta\phi|^2} = \frac{\overline{|e^{j\phi_0}.V_\Delta^* - e^{-j\phi_0}.V_\Sigma|^2}}{|A_0|^2} \qquad \text{(II-51)}$$

- La densité spectrale de bruit d'amplitude est :

$$S_A(f) = \frac{\overline{|\Delta A|^2}}{|A_0|^2} = \frac{\overline{|e^{j\phi_0}.V_\Delta^* + e^{-j\phi_0}.V_\Sigma|^2}}{|A_0|^2} \qquad (II-52)$$

Pour chaque fréquence harmonique k de la fréquence d'oscillation les expressions suivantes :

$$S_{k\phi}(f) = \frac{\overline{|V_{\Sigma k}|^2 + |V_{\Delta k}|^2 - 2\text{Re}|V_{\Sigma k}^* V_{\Delta k}^*|\, e^{2j\phi_0}}}{|A_0|^2} \qquad (II-53)$$

$$S_{kA}(f) = \frac{\overline{|V_{\Sigma k}|^2 + |V_{\Delta k}|^2 - 2\text{Re}|V_{\Sigma k}^* V_{\Delta k}^*|\, e^{2j\phi_0}}}{|A_0|^2} \qquad (II-54)$$

La densité spectrale de corrélation bruit de phase bruit d'amplitude est de la forme :

$$S_{kA\phi}(f) = j\frac{\overline{|V_{\Sigma k}^*|^2 - |V_{\Delta k}^*|^2 + 2.j\,\text{Im}|V_{\Sigma k}^* V_{\Delta k}^*|\, e^{2j\phi_0}}}{|A_0|^2} \qquad (II-55)$$

La méthode des matrices de conversions permet de déterminer les composantes en tension des bandes latérales d'une onde modulée sinusoïdalement. On applique maintenant cette dernière aux expressions des densités spectrales de bruit de phase et d'amplitude données ci dessus. En effet, on rappelle le principe de cette méthode d'analyse des bruits.

II. 4. 1. 2. Principe de la méthode de conversion

Pour l'illustration du principe de cette méthode dans l'analyse du bruit de phase. On présente dans cette partie, le calcul des matrices de conversion pour un élément non linéaire résistif commandé par une tension de forte amplitude.

L'expression analytique du comportement d'un dipôle est défini par : $i(t) = g(v(t))$.

- $i(t)$ est la réponse de l' élément non linéaire à la tension $v(t)$ appelée signal de pompe,
- g est la fonction non linéaire liant $i(t)$ à $v(t)$.

On considère un signal $v(t)$ bruité, il s'exprime par :

$$v(t) = V(t) + \delta v(t) \qquad (II-56)$$

Où :

- $V(t)$ est le signal de forte amplitude,

- $\delta v(t)$ est la perturbation bas niveau superposée à $V(t)$.

Le courant s'exprime alors par la relation suivante :

$$I(t) + \delta i(t) = g\big(V(t) + \delta v(t)\big) \qquad\qquad \text{(I-57)}$$

Avec :

- $I(t)$ le courant fort niveau,
- $\delta i(t)$ la réponse à la perturbation $\delta v(t)$.

$\delta v(t)$ étant La perturbation de faible amplitude, d'où le passage au développement en série de Taylor autour de $V(t)$ du premier ordre de l'expression du courant (II-57):

$$I(t) + \delta i(t) = g(V(t)) + \left(\frac{\partial g}{\partial V}\right)_{v(t)} . \delta v(t) \qquad\qquad \text{(II-58)}$$

Où $\left(\dfrac{\partial g}{\partial V}\right)$ est la conductance différentielle.

D'où la variation induite par la perturbation $\delta v(t)$ est égale :

$$\delta i(t) = \left(\frac{\partial g}{\partial V}\right)_{v(t)} . \delta v(t) \qquad\qquad \text{(II-59)}$$

On a la réponse à la perturbation $\delta v(t)$ dépend de la dérivée de la fonction non linéaire par rapport au signal de commande autour du point de fonctionnement qui est variable dans le temps. La conductance différentielle varie donc au rythme du signal de pompe ce qui permet son développement en série de Fourier à la pulsation ω_0. Ainsi :

$$\left(\frac{\partial g}{\partial V}\right)_{v(t)} = \sum_{n=-\infty}^{+\infty} g_n . e^{j\,n.\omega_0 t} \qquad\qquad \text{(II-60)}$$

En remplaçant cette dernière expression par sa valeur dans (II-59), on obtient :

$$\delta i(t) = \sum_{n=-\infty}^{+\infty} g_n . e^{j\,n.\omega_0 t} . \delta v(t) \qquad\qquad \text{(II-61)}$$

On considère que la perturbation $\delta v(t)$ soit un signal sinusoïdal pur à la pulsation Ω avec Ω très inférieur à ω_0.

Un dipôle engendre un mécanisme de mélange du signal fort niveau avec le signal de perturbation à cause de son comportement non linéaire. Deux raies latérales à $\omega_\Sigma = \omega + \Omega$ et $\omega_\Delta = \omega - \Omega$ apparaissent alors dans le spectre du signal de sortie.

Le signal de perturbation est de la forme :

$$\delta v(t) = \mathrm{Re}\left[\delta V_\Omega . e^{j\,\omega_\Omega t} + \delta V_\Sigma . e^{j\,\omega_\Sigma t} + \delta V_\Delta . e^{j\,\omega_\Delta t}\right]$$

(II-62)

D'après Penfield, ceci est équivalent à :

$$\delta v(t) = \left[\Delta V_\Omega . e^{j\,\omega_\Omega t} + \Delta V_\Omega^* . e^{-j\,\omega_\Omega t} + \Delta V_\Sigma . e^{j\,\omega_\Sigma t} + \Delta V_\Sigma^* . e^{-j\,\omega_\Sigma t} + \Delta V_\Delta . e^{j\,\omega_\Delta t} + \Delta V_\Delta^* . e^{-j\,\omega_\Delta t}\right]$$

(II-63)

Avec :

$$\Delta V_\Omega = \frac{\delta V_\Omega}{2},$$

$$\Delta V_\Sigma = \frac{\delta V_\Sigma}{2},$$

$$\Delta V_\Delta = \frac{\delta V_\Delta}{2}.$$

Remplaçant δv (t) par son expression dans (II-60) et en développant cette dernière relation, on aboutit au système matriciel suivant :

$$\begin{bmatrix} \Delta I_\Omega \\ \Delta I_\Delta^* \\ \Delta I_\Sigma \end{bmatrix} = \begin{bmatrix} g_0 & g_1 & g_1^* \\ g_1^* & g_0 & g_2^* \\ g_1 & g_2 & g_0 \end{bmatrix} \begin{bmatrix} \Delta V_\Omega \\ \Delta V_\Delta^* \\ \Delta V_\Sigma \end{bmatrix}$$

Avec, $\overrightarrow{\Delta I} = [G].\overrightarrow{\Delta V}$ et [G] la matrice de conversion.

Dans un système électronique il existe une matrice de conversion pour chaque non linéarité qui vérifie que les erreurs en tension ainsi qu'en courant son liées linéairement par cette matrice.

La figure ci-dessous montre la courbe du spectre de bruit de phase en fonction de la fréquence, associé à un oscillateur et traité à l'aide de la méthode de conversion.

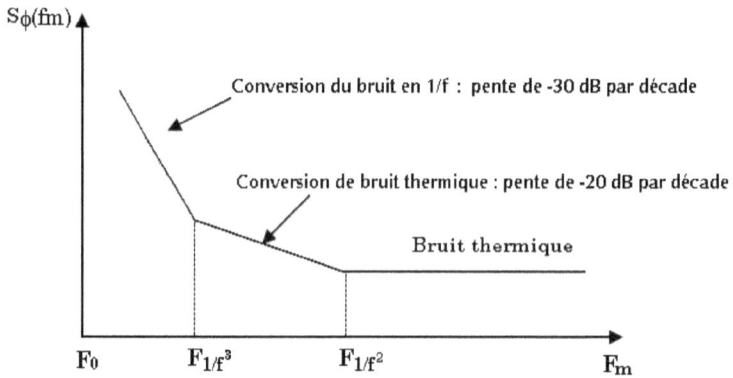

Figure II-9 : Spectre de bruit de phase typique d'un oscillateur

Le logiciel ADS (Advanced Design System) de la société « Agilent » est basé sur la technique de matrice de conversion pour analyser le bruit de phase des oscillateurs, et ceci fait l'objet de notre sujet. On traite particulièrement cette méthode d'analyse dans le chapitre suivant. Les composantes actives et linéaires d'un oscillateur représentent les sources de bruit responsable de la perturbation du signal de sortie. Ces éléments sont caractérisés par leurs densités spectrales de bruit de phase déterminées par la méthode de conversion.

Cependant notre but est de minimiser le bruit de phase et de connaître les éléments du circuit qui ont des effets négatifs sur les performances d'un tel oscillateur. La méthode d'analyse décrite dans le paragraphe précédent n'est pas capable de satisfaire notre cible, alors on doit diriger notre recherche à une technique qui détermine les phénomènes qui influent sur la diminution du bruit de phase d'un oscillateur et le recours vers la modélisation de son spectre.

II. 4. 1. 3. Différents types de modélisations

Dans cette partie on explique le principe de conversion du bruit basse fréquence lié au modèle non linéaire d'Hajimiri [II-10], puis on déduit de ceci la technique de Leeson-Curtler tirée d'un modèle linéaire [II-11].

II. 4. 1. 3. 1. Modélisation par la méthode d'Hajimiri

Le principe d'Hajimiri et Lee suppose qu'un circuit oscillatoire se comporte comme un système à plusieurs entrées. Dont les sources de bruit appliquées en entrées sont équivalent à des sources de courant ainsi que des tensions injectées aux nœuds du circuit.

Soient A(t) et Φ(t) représentent la variation d'amplitude et de phase de l'oscillateur.

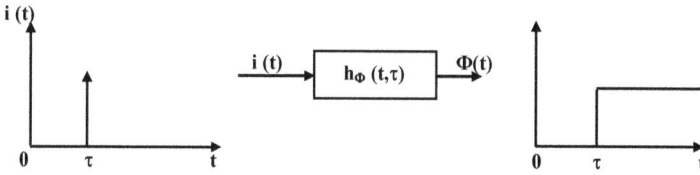

Figure II-10 : Modèle de la réponse impulsionnelle en phase

Avec h $_\phi$(t,τ) la réponse impulsionnelle en phase de l'oscillateur.

Dans cette méthode Hajimiri a prouvé que l'oscillateur est un système linéaire variant dans le temps car il existe deux points distincts dans le signal de sortie où l'injection du courant à l'entrée engendre une variation maximale et minimale de la fluctuation de la phase. Cette hypothèse considère que la phase varie linéairement par injection de courant. On explique bien cette hypothèse dans le troisième chapitre par simulation du bruit de phase d'un oscillateur sur ADS.

Le comportement de la réponse impulsionnelle est semblable à un échelon dont l'amplitude varie en fonction de l'injection du courant.

$$h_\phi(t,\tau) = \frac{\Gamma(\omega_0\tau)}{q_{max}} U(t\text{-}\tau) \qquad\qquad \text{(II-64)}$$

Où :

- U (t) : la fonction de Heavyside,
- q_{max} est la variation de charge maximale aux bornes de la capacité du nœud d'injection,
- Γ(x) : une fonction, périodique, sans dimension, qui exprime la fonction de Hajimiri ISF (Impulse Sensitivity Function) par la sensibilité en phase de l'oscillateur.

La décomposition de l'ISF en série de Fourier, donne :

$$\Gamma(\omega_0\tau) = \frac{C_0}{2} + \sum_{n=1}^{+\infty} C_n.\cos(n.\omega_0\tau) \qquad\qquad \text{(II-65)}$$

Avec C_n les coefficients réels de Fourier.

Par la suite on peut calculer la réponse en phase d'un oscillateur $\phi(t)$ en intégrant la réponse impulsionnelle en phase, et par l'injection d'un courant au circuit.

$$\phi(t) = \int_{-\infty}^{+\infty} h_\phi(t,\tau).i(\tau)\,d\tau$$
$$= \frac{1}{q_{max}}.\int_{-\infty}^{t} \Gamma(\omega_0\tau).i(\tau)\,d\tau \qquad (II\text{-}66)$$

L'équation (II-66) caractérise un courant sinusoïdal de fréquence multiple de celle d'oscillation injecté dans le circuit.

$$i(t) = I_n.\cos\left[\,(n\omega_0 + \Delta\omega)t\,\right] \qquad (II\text{-}67)$$

Tel que :

- n est un entier,

- ω_0 est la pulsation d'oscillation,

- $\Delta\omega$ est une pulsation petite devant ω_0.

L'expression de La réponse en phase en fonction des équations (II-65), (II-66) et (II-67), est :

$$\phi(t) \approx \frac{I_n.C_n.\sin(\Delta\omega t)}{2.q_{max}} \qquad (II\text{-}68)$$

La densité spectrale de puissance $S_\phi(\omega)$, issu de $\phi(t)$, contient deux raies à $\pm\Delta\omega$ par injection du courant à un nœud donnée

Soit $P_L(\Delta\omega)$ La puissance d'une raie par rapport à la porteuse parmi deux raies qui sont à $\omega \pm \Delta\omega_0$ d'une densité spectrale de puissance de la tension de sortie($S_v(\omega)$) qui est modulé en phase à la fréquence d'oscillation f_0 d'un oscillateur.

$$P_L(\Delta\omega) = 10.\log\left(\frac{I_n.C_n}{4.q_{max}.\Delta\omega}\right)^2 \qquad (II\text{-}69)$$

Le principe de conversion de bruit est confirmé par la figure ci dessous qui caractérise la densité spectrale ($S_{In}(w)$) d'une source de courant de bruit $I_n(t)$. Ce principe se fait autour de porteuse dont il existe deux genres de bruit (bruit thermique, bruit 1/f).

Ce schéma montre le passage de la densité spectrale de courant vers la densité spectrale de bruit de phase à travers le mécanisme de conversion de bruit.

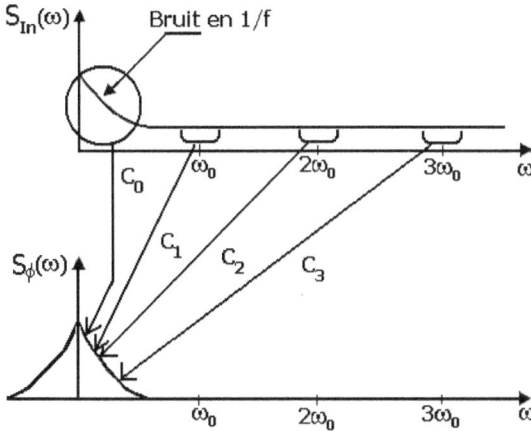

Figure II-11 : Mécanisme de conversion du bruit autour de la porteuse

On obtient maintenant la figure de la densité spectrale de la tension de sortie de l'oscillateur :

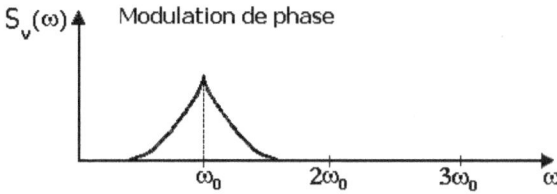

Figure II-12 : Bruit de phase après conversion

Le bruit de phase converti est contenu dans le spectre de la densité spectrale de la tension de sortie V(t) et résultat des bruits au voisinage des multiples de f_0.

Si on pose que l'injection du bruit (blanc) à un point donné du circuit est effectuée par rapport à la porteuse d'une pulsation $\Delta\omega$ donnée, alors on obtient comme densité spectrale de bruit de phase l'expression suivante :

$$S_\phi(\Delta\omega) = 10.\log\left(\frac{\dfrac{\overline{i_n^2}}{\Delta f}\displaystyle\sum_{n=0}^{+\infty} C_n^2}{4.q_{max}^2.\Delta\omega^2}\right)$$

$$= 10.\log\left(\frac{\frac{\overline{i_n^2}}{\Delta f}\Gamma_{rms}^2}{4.q_{max}^2.\Delta\omega^2}\right) \qquad\text{(II-70)}$$

Avec :

- $\dfrac{\overline{i_n^2}}{\Delta f}$: Caractérise la densité spectrale de courant de la source de bruit,

- Γ_{rms}^2 : La valeur efficace (rms) de la fonction « ISF »,

- $\Delta\omega$: La distance à la porteuse,

- $q_{max} = C_{eq}.V_{max}$: La charge maximale au noeud du circuit avec C_{eq} la capacité équivalente au noeud choisi et V_{max} la dynamique maximale en tension au nœud,

- C_n représentent les coefficients de Fourier de la fonction « ISF ».

On conclut que le bruit de phase d'un oscillateur peut être modélisé par l'expression de (II-70) et extraite de la figure (II-9), traduisant la conversion de bruit thermique. D'après cette figure, la zone de conversion de bruit thermique et celle de 1/f ont une fréquence commune déterminée par le modèle de Hajimiri exprimée par :

$$f_{1/f^3} = f_{1/f}.\frac{1}{2}\left(\frac{C_0}{C_1}\right)^2 \qquad\textit{(II-71)}$$

- $f_{1/f}$: la fréquence de coupure du bruit en 1/f,

- C_0 et C_1 les deux premiers coefficients de Fourier de la fonction « ISF ».

On pose C_0 la composante continue de la fonction « ISF » de Hajimiri. Cette composante dépend de la symétrie des signaux de sortie du système, d'après [II-10] lorsque les temps de descente tendent vers les temps de montée alors C_0 tend vers le minimum.

Dans un oscillateur les bruits acquis ont des critères cyclostationnaire en fonction de temps (stable au cours du temps). On confirme notre suggestion d'après [II-12], par le bruit de grenaille défini au début du chapitre.

On tire donc que le faite d'introduire la fonction « ISF effective » du modèle d'Hajimiri, on analyse les sources de bruits cyclostationnaires et stationnaires de la même façon. On donne respectivement l'expression de cette fonction ainsi que celle d'un courant de bruit blanc [II-3] :

$$\Gamma_{eff}(x) = \Gamma(x).\alpha(x) \qquad\text{(II-72)}$$

$\Gamma(x)$: fonction de Hajimiri ISF (Impulse Sensitivity Function)

$$i_n(t) = i_{n0}(t).\alpha(\omega_0 t) \qquad\qquad (\text{II-73})$$

Tel que : $i_n(t)$: Source de courant de bruit cyclostationnaire,

$i_{n0}(t)$: Source de courant de bruit stationnaire,

$\alpha(\omega_0 t)$: Fonction périodique fortement corrélée suit la forme du courant de collecteur d'un transistor [I-10].

Donc à partir de la relation (II-70), et d'une source de bruit cyclostationnaire on déduit l'équation du bruit de phase en changeant Γ^2_{rms} par $\Gamma^2_{eff\,rms}$.

L'étude précédente montre en se basant sur la référence [II-10], sur l'équation (II-70), et sur la figure II-10 que : le bruit de phase d'un oscillateur est la somme des sources non corrélées de bruit ainsi que les sources de bruit acquises du circuit provenant du parallèle du condensateur par les source de courant, et du série de la bobine par les sources de tension. En tenant compte du modèle étudier à caractère linéaire on peut trouver aisément le spectre globale du bruit de phase.

La méthode présentée jusqu' à présent permet de quantifier le bruit de phase dû à une source de bruit donnée comme le montre l'expression (II-70). Cette méthode peut être Généralisée à plusieurs sources de bruit. Nous pouvons ainsi déterminer le spectre de bruit de phase global de l'oscillateur en sommant la contribution des sources non corrélées grâce au caractère linéaire du modèle de la figure I-10 et en considérant que l'oscillateur a des sources de bruit en parallèle avec chaque capacité et des sources de tension de bruit en série avec chaque inductance [II-10].

Que se soit on utilise le principe des matrices de conversion ou de Hajimiri on se dirige toujours vers l'analyse du bruit de phase, cependant on cherche souvent la méthode la plus simple à traiter. Pour le cas de Hajimiri sa méthode est délicate puisqu'elle demande plusieurs règles comme :

- l'identification des sources corrélées de l'oscillateur ainsi que la bonne modélisation de ces sources de bruit.
- La difficulté du calcul des paramètres de la réponse en phase d'un tel oscillateur surtout :
  - l'injection de courant qui influe sur la mesure du déphasage de point de vue précision puisqu'il est inversement proportionnelle à la fréquence.
  - Le déphasage doit être mesuré lorsque le système sera stable, alors que l'injection de courtant génère toujours une instabilité sur le régime établi de l'oscillateur.

- Dans un oscillateur, à chaque source de bruit on doit déterminer sa réponse impulsionnelle.

En ce qui concerne le principe de Hajimiri, il permet de traiter les effets des sources de bruit d'un oscillateur qui agissent sur le bruit de phase par le phénomène de conversion mais cette méthode manque encore les techniques d'analyse de ce bruit.

On traduira dans le troisième chapitre des modèles de conception d'oscillateurs à faible bruit de phase.

II. 4. 1. 3. 2. Modélisation du bruit de phase par la méthode Leeson

Cette partie consiste en premier temps à analyser l'hypothèse de Leeson-curtler [II-11] qui considère qu'un oscillateur peut se comporter comme un système bouclé extrait d'un système linéaire invariant dans le temps La figure II-13 donne le modèle de la densité spectrale d'un circuit dont un bruit stationnaire de moyenne nulle lui a ajouté. Les spectres du bruit additif ainsi que celui du bruit de phase sont donnés dans la figure ci-dessous :

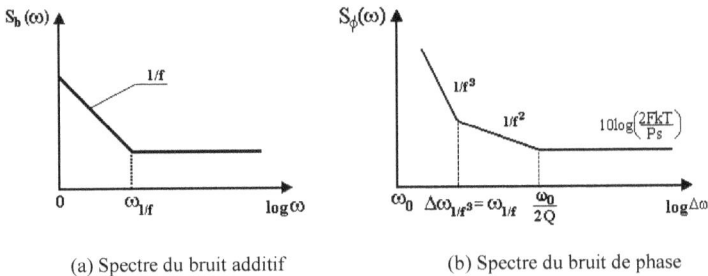

(a) Spectre du bruit additif   (b) Spectre du bruit de phase

Figure II-13 : Spectre du bruit additif (a) et du bruit de phase (b) d'un oscillateur d'après Leeson

Voici l'expression de la densité spectrale de bruit de phase d'un oscillateur (en dBc/Hz) donnée par le modèle précédent :

$$S_{\phi}(\Delta\omega) = 10.\log\left[\frac{2FkT}{Ps}\left\{1 + \left(\frac{\omega_0}{2Q\Delta\omega}\right)^2\right\}\left(1 + \frac{\Delta\omega_{1/f^3}}{|\Delta\omega|}\right)\right]$$

(II-74)

Avec :

- $\Delta\omega$: La distance à la porteuse,

- Ps : La puissance moyenne dissipée dans les parties résistives du résonateur,

- F   : Le facteur de bruit,

- k   : La constante de Boltzmann,

- T   : La température en Kelvin,

- ω_0 : La pulsation d'oscillation,

- Q   : Le facteur de qualité en charge du résonateur.

- $\Delta\omega_{1/f^3}$: La pulsation d'intersection entre les régions en $1/f^3$ et $1/f^2$ ($\Delta\omega_{1/f^3} = \omega_{1/f}$).

La figure (II-14) désigne un modèle simplifier d'un oscillateur dont les pertes d'énergie de son résonateur sont restaurées par un élément actif. Cette désignation est la cause du comportement du bruit thermique ($1/f^2$) dans la zone de conversion.

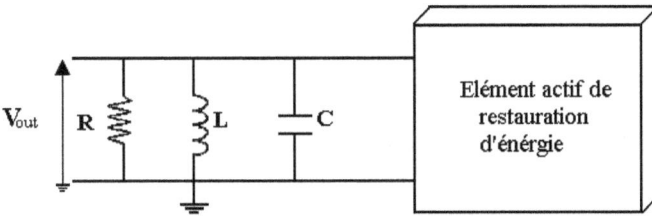

Figure II-14 : Modèle simplifié de l'oscillateur

Les sources de bruit issues de ce modèle sont le bruit provenant de l'élément de restauration, le bruit blanc stationnaire (bruit thermique) qui a pour densité spectrale de courant : $\dfrac{\overline{i_n^2}}{\Delta f} = \dfrac{4kT}{R}$, causé par la résistance du résonateur. Ces différentes sources de bruit sont additionnées pour la naissance d'une seule source de densité spectrale :

$$\frac{\overline{i_n^2}}{\Delta f} = \frac{4FkT}{R} \qquad\qquad (II\text{-}75)$$

Tel que :

- F : Facteur de bruit traduisant la contribution en bruit de l'élément actif,

- k : Constante de Boltzmann,

- T : Température en Kelvin,

- R : Résistance équivalente du résonateur.

On constate que la tension de bruit en sortie est le produit du courant de bruit (supposé source en parallèle du résonateur) avec l'impédance créer par la source de courant autour de la fréquence d'oscillation [II-10, II-14]

L'expression de cette impédance, sachant les pertes du résonateur sont rectifiées par la résistance négative de l'élément de restauration, est équivalent à :

$$|Z(\omega_0 + \Delta\omega)| = \frac{1}{G} \frac{\omega_0}{2Q\Delta\omega} \qquad (II-76)$$

Tel que:

- ω_0 : Pulsation d'oscillation,

- $\Delta\omega$: Pulsation proche de la porteuse,

- $G = 1/R$: Conductance équivalente du résonateur,

- Q : Facteur de qualité du résonateur

La tension de bruit en sortie est :

$$\frac{\overline{v_n^2}}{\Delta f} = |Z|^2 . \frac{\overline{i_n^2}}{\Delta f} = 4FkTR.\left(\frac{\omega_0}{2Q\Delta\omega}\right)^2 \qquad (II-77)$$

Alors la densité spectrale de bruit de phase est :

$$S_\phi(\Delta\omega) = 10.\log\left(\frac{\overline{v_n^2}}{v_{out}^2}\right) \qquad (II-78)$$

Avec : $\overline{v_{out}^2} = \frac{1}{2}.\hat{v}_{out}^2$

Donc :

$$S_\phi(\Delta\omega) = 10.\log\left[\frac{2FkT}{Ps}\left(\frac{\omega_0}{2Q\Delta\omega}\right)^2\right] \qquad (II-79)$$

Pour : $Ps = \frac{1}{2}\frac{\hat{v}_{out}^2}{R}$

C'est l'expression de la densité spectrale du bruit de phase dans la région de conversion du bruit thermique. Mais ce bruit est théoriquement difficile dans le cas de la zone de conversion de bruit en 1/f.

Maintenant nous allons montrer les limites du modèle de Leeson-Curtler concernant le bruit de phase, puisque avec la méthode de Hajimiri nous pouvons arriver à la même équation de la densité spectrale de bruit de phase déduite par Leeson dans la région de conversion de bruit thermique.

Dans ce cas, l'hypothèse de Hajimiri considère que le bruit thermique provient de la résistance équivalente du résonateur. D'après l'équation (II-70) on aura :

$$S_\phi(\Delta\omega) = 10.\log\left(\frac{\dfrac{4kT}{R}\displaystyle\sum_{n=0}^{+\infty} C_n^2}{4.q_{max}^2.\Delta\omega^2}\right) \qquad (\text{II-80})$$

D' après [II-11], Leeson a utilisé les hypothèses suivantes :
  - Seul le bruit autour de ω_0 est pris en compte ;
  - Les formes d'onde non bruitées sont des sinusoïdes pures ;
  - Toutes les sources de bruit sont stationnaires.

On se basant sur la figure (II-11), on garde le premier coefficient de Fourier de la fonction « ISF » C1, de l'équation (II-80), on obtient :

$$S_\phi(\Delta\omega) = 10.\log\left(\frac{\dfrac{kT}{R}\omega_0^2}{q_{max}^2.\Delta\omega^2.\omega_0^2}\right) \qquad (\text{II-81})$$

Avec : $q_{max} = C.\hat{V}_{out}$

 C   : La capacité du résonateur

$\hat{V}_{out}$: La tension crête aux bornes du résonateur.

$$S_\phi(\Delta\omega) = 10.\log\left(\frac{kT}{R.\left(C\omega_0\right)^2.\hat{v}_{out}^2}\left(\frac{\omega_0}{\Delta\omega}\right)^2\right) \qquad (\text{II-82})$$

Puisque Q = R.C.ω_0 , alors :

$$S_\phi(\Delta\omega) = 10.\log\left(\frac{kT}{Q^2.\dfrac{\hat{v}_{out}^2}{R}}\left(\frac{\omega_0}{\Delta\omega}\right)^2\right) \qquad (\text{II-83})$$

Remplaçons tous les termes on aura :

$$S_\phi(\Delta\omega) = 10.\log\left(\frac{kT}{2Ps}\left(\frac{\omega_0}{Q\Delta\omega}\right)^2\right) = 10.\log\left(\frac{2kT}{Ps}\left(\frac{\omega_0}{2Q\Delta\omega}\right)^2\right) \qquad (\text{II-84})$$

Finalement si on suppose que F soit un facteur modélisant toutes les sources de bruit d'un oscillateur, alors on obtient la même équation que (II-79).

On confirme maintenant les obstacles conduisant à la limitation du modèle de Leeson :

1. La quantification du facteur F est difficile puisque la minimisation de son effet est délicate ;

2. la vérification de l'hypothèse de linéarité qui considère que le bruit au voisinage de la pulsation d'oscillation est important, n'est pas valable.

3. Dans un oscillateur, la plus part des sources sont cyclostationnaire et non pas stationnaire.

4. Entre le plancher de bruit thermique et la zone de bruit en $1/f^2$ la fréquence de coupure f $_{1/f^2}$ n'est pas égale à la moitié de la bande passante du résonateur   [II-15].

5. Entre la zone de bruit en $1/f^2$ et la zone de bruit en $1/f^3$, La pulsation de coupure $\Delta\omega_{1/f^3}$ n'est pas toujours égale à $\omega_{1/f}$.

Le principe de Leeson-Curtler est déduit d'un modèle simple qui sert au traitement du bruit de phase extrait des phénomènes de conversion de bruit. En effet, il existe quelques paramètres non quantifiables dont l'influence reste importante sur un oscillateur au niveau du bruit de phase, certaines précautions sont mentionnées pour la réduction du bruit de phase que voici :

- Augmenter le facteur de qualité en charge du résonateur ;

- Augmenter la puissance dissipée dans les parties résistives du résonateur ;

- Réduire les sources de bruit basses fréquences des composants du circuit.

Conclusion

On traite dans ce chapitre les différents modes de bruit généré dans les substrats et les semi-conducteurs et leurs influences et origines. Puis on analyse le cas d'émission-réception radiofréquences en insistant sur les effets du bruit de phase sur le signal de sortie du système. Ceci nous a amené à étudier les différentes sources de bruits provenant de la jonction des semi conducteurs et du substrat ainsi que celles des composantes électroniques.

Dans la deuxième partie de ce chapitre, nous avons constaté que le bruit de phase du signal de sortie est critique dans tout système de Radiocommunication. Ceci nous a permis de passer au deuxième objectif de cette mémoire qui consiste, après avoir étudié en détail le phénomène de bruit de phase dans un oscillateur, alors on développe des méthodes d'analyse de bruit de phase en critiquant leurs avantages et leurs inconvénients. Ces méthodes seront validées par des exemples de simulations en ADS qui est l'objet du chapitre trois.

Références du chapitre II

[II-1] D. Cordeau ; « Etude comportementale et conceptions d'oscillateurs intégrés polyphases accordables en fréquence en technologie Si et SiGe pour les radiocommunications », Thèse de doctorat, Université de Poitiers, 2004

[II-2] T. H. Lee; « The Design of CMOS Radio-Frequency Integrated circuits», Ciambridge University Press, pp 243-256, 1998

[II-3] J. Pinho, "Nouvelle méthode de conception et d'optimisation des oscillateurs microondes non-linéaires basée sur le formalisme des systèmes bouclés : application aux oscillateurs à résonateurs diélectriques", *Thèse de Doctorat de l'Université de Limoges*, n° d'ordre: 15-95, 95

[II-4] J. M. Paillot, "CAO des circuits analogiques non-linéaires : réalisation d'un simulateur pour l'analyse des spectres de bruit des oscillateurs", *Thèse de Doctorat de l'Université de Limoges*, n° d'ordre : 4-1991, Janvier 1991.

[II-5] T. C. Weigandt; « Low Phase-Noise, Low Timing-Jitter Design Techniques for Delay Cell Based VCOs and Frequency Synthetizers », *PhD*, University of California, Berkeley, pp 122-144, 1998

[II-6] P. André, "Conception et réalisation d'oscillateurs intégrés monolithiques microondes à base de transistors sur Arséniure de Gallium", *Thèse de Doctorat de l'Université Paul Sabatier de Toulouse*, n° d'ordre 2092, 1995.

[II-7] E. de Foucauld, "Conception et réalisation d'oscillateurs accordables en fréquence en technologie SiGe pour les radio-téléphones", *Thèse de Doctorat de l'Université de Limoges*, n° d'ordre : 2-2001, 2001.

[II-8] P. Penfield, "Circuit theory of periodically driven nonlinear systems", *Proc. of IEEE*, vol. 54, n°2, February 1966.

[II-9] M. Prigent, "Contribution à l'étude de la conversion de fréquence dans les circuits non linéaires : application à la CAO d'oscillateurs à bruit de phase minimum", *Thèse de doctorat de l'Université de Limoges*, n° d'ordre : 46-87, 1987.

[II-10] A. Hajimiri and T. H. Lee, "A General Theory of Phase Noise in Electrical Oscillators", *IEEE Journal of Solid-State Circuits*, vol. 33, n°2, pp. 179-194, February 1998.

[II-11] D. B. Leeson, "A simple model of feedback oscillator noise spectrum", Proceeding *of the IEEE*, pp. 329-330, February 1966. *Chapitre 1 : Introduction au travail de recherche* 81

[II-12] J. Phillips and K. Kundert, "Noise in Mixers, Oscillators, Samplers, and Logic an Introduction to Cyclostationary Noise", *Custom Integrated Circuits Conference, 2000. CICC. Proceedings of the IEEE 2000*, Orlando, FL, May 2000, pp. 431-438.

[II-13] W. A. Gardner, *Cyclostationarity in Communications and Signal Processing*, New York: IEEE Press, 1993.

[II-14] A. Hajimiri and T. H. Lee, *"The Design of Low Noise Oscillators"*, Norwell, MA: Kluwer, 1999.

[II-15] T. H. Lee, A. Hajimiri, "Oscillator Phase Noise: A Tutorial", *IEEE Journal of Solid-State Circuits*, vol. 35, n°3, pp. 326-336, March 2000.

Chapitre III :

SIMULATION

SIMULATION

III. 1. Introduction

Certains facteurs et paramètres interviennent pour la variation du bruit de phase et qui ont des influences directes ou indirectes. Dans ce chapitre on consacre la première partie pour l'étude des oscillateurs et la minimisation du bruit de phase en utilisant quelques structures présentant des performances acceptables en bruit de phase. Pour la deuxième partie on a utilisé des structures d'oscillateurs qui confirment les études traitées dans le deuxième chapitre au niveau de la conversion du bruit de phase, et enfin on oriente notre vision vers la modélisation théorique des systèmes par des langages machines avant le passage à la réalisation pratique.

III. 2. Facteurs de variations de bruit de phase

III. 2. 1. Oscillateur à résonateur parallèle

La figure suivante représente le schéma d'un oscillateur Colpitts à résonateur parallèle, la modélisation des composants est déduite par le logiciel commercial ADS.

La fréquence de fonctionnement de cet oscillateur est 3.5GHz.

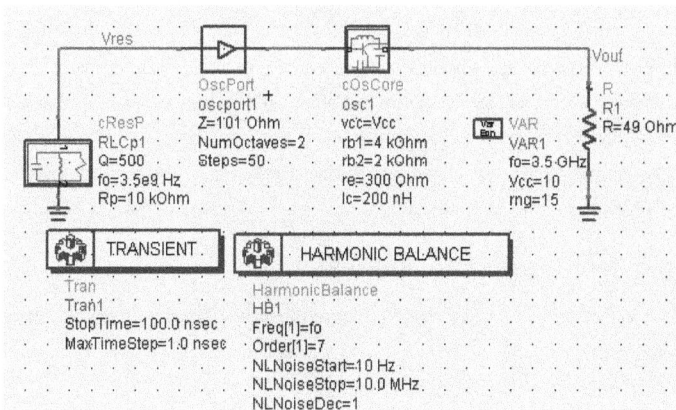

Figure III-1 : Oscillateur Colpitts

Après simulation, on obtient la courbes du bruit d'amplitude et celle du bruit de phase par deux méthodes (Pnmx : méthode des matrices de conversion, Pnfm : algorithme de modulation de fréquence). On constate que le bruit d'amplitude est de part et d'autre négligeable devant le bruit de phase pour une distance de 1kHz de la porteuse.

On s'intéresse dans ce chapitre particulièrement à l'analyse du bruit de phase par la méthode de conversion de bruit (Pnmx).

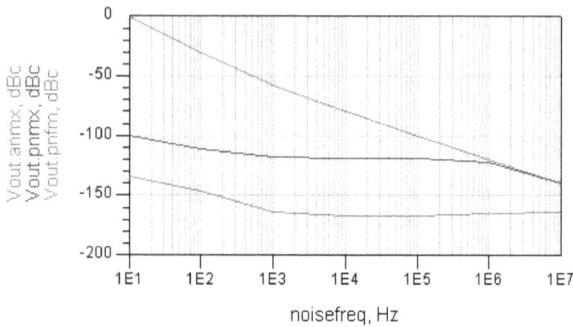

Figure III-2 : Courbe du bruit de phase et d'amplitude

Pnmx: Phase noise computed using noise mixing algorithm

Pnfm: Phase noise computed using fréquency modulation algorithm

On remarque que le bruit le plus faible pour cette simulation est le bruit d'amplitude puisqu'il atteint une valeur de -170dBc/Hz à une distance de 1MHz de la porteuse. En effet le bruit plus important est celui calculé à l'aide de l'algorithme de modulation de fréquence (pnfm) qui atteint -60dBc/Hz pour une distance de 1kHz de la porteuse alors que pour la même distance on a la valeur de -120dBc/Hz pour le bruit de phase calculé à l'aide de la méthode de conversion du bruit.

III. 2. 2. Oscillateur à Résonateur SAW

Dans ce cas on a essayé de changer le résonateur pour pouvoir comparer l'effet de ce dernier sur a variation du bruit de phase en fonction de la fréquence. La figureIII-13 représente la variation du bruit de phase calculée par deux méthodes.

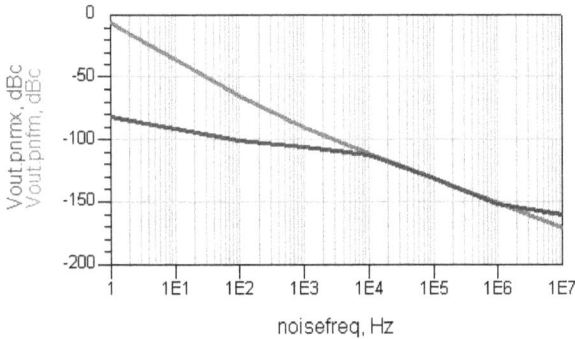

Figure III-3 : bruit de phase d'un oscillateur à résonateur SAW

La courbe ci-dessus caractérise le bruit de phase d'un oscillateur à résonateur de surface d'onde acoustique. On remarque que le bruit généré d'un système à résonateur SAW est plus grand de 17dB par rapport à celui à résonateur parallèle. Alors que pour la distance de 1MHz de la porteuse le bruit de phase pour l'oscillateur à résonateur SAW est -150dBc/Hz qui est moins faible de 30 dB par rapport au bruit de l'oscillateur à résonateur parallèle.

Le choix du résonateur est important pour chaque mode de fonctionnement et le type de l'utilisation du système ainsi que la fréquence de travail. La raison pour laquelle on utilise le résonateur SAW dans les systèmes à balayage électronique, alors que le résonateur le plus utilisé dans les différents domaines de transmission est le résonateur série car il présente les meilleures performances en bruit de phase.

III. 2. 3. Conception d'un oscillateur 2.4GHz à l'aide de la Méthode de résistance négative

Pour satisfaire les conditions de fonctionnement de l'oscillateur à résistance négative il faut vérifié les équations suivantes :

$R_{IN} + R_L < 0$ Si l'oscillation est instable

$R_{IN} + R_L = 0$ Si l'oscillation est stable

$X_{IN} + X_L = 0$

Avec R : résistance, X : réactance.

Pour la conception de cet oscillateur on doit choisir le transistor qui vérifie les critères de polarisation dont la tension V_{CE} est 2V et le courant I_c est 20 mA donc on fait recours au bibliothèque de l'ADS qui fournie la condition souhaitée. Le transistor fonctionne en émetteur commun à rétroaction capacitive. Ceci produira une résistance négative afin d'éliminer les pertes du résonateur. Le résultat de simulation, montre que la résistance globale du circuit est nulle quand la fréquence est proche 2.4GHz. Alors la réactance de l'élément actif est capacitive à cette fréquence.

Maintenant, il faut un résonateur inductif pour osciller le circuit. Dans ce cas on utilise un condensateur (4pF), il est employé pour augmenter la fréquence d'oscillation du circuit . Il agit en tant qu'un élément à courant continu du résonateur. On assume que le facteur de qualité Q de l'inducteur est égal à 36 et qui produit une perte sous forme de résistance de $0.8378 \ \Omega$.

À partir des résultats de simulation, on constate que la somme des réactances est égale à zéro à une fréquence de fonctionnement de 2.4GHz.

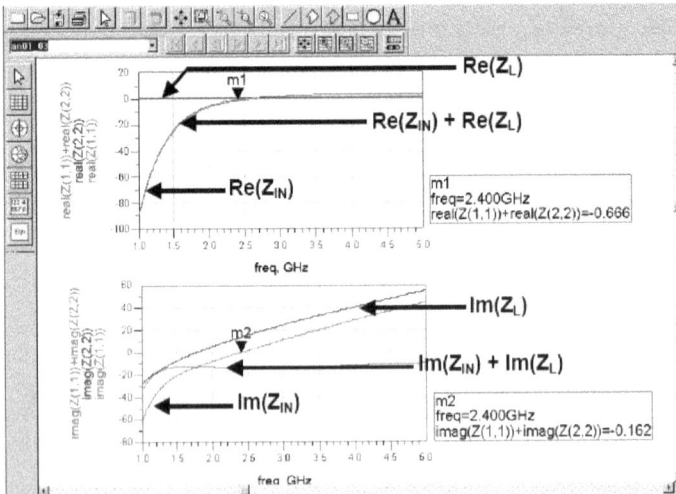

Figure III-4 : Simulation de la résistance négative

En combinant la résistance négative et le résonateur, les performances de l'oscillateur peuvent être évaluées maintenant et on obtient le circuit de l'oscillateur. Le simulateur de HB (Harmonique Balance) est utilisé pour simuler la fréquence fondamentale, la puissance de rendement et l'exécution de bruit de phase de l'oscillateur. En outre, le simulateur de DC sera utilisé encore pour avoir une évaluation entière du circuit. .

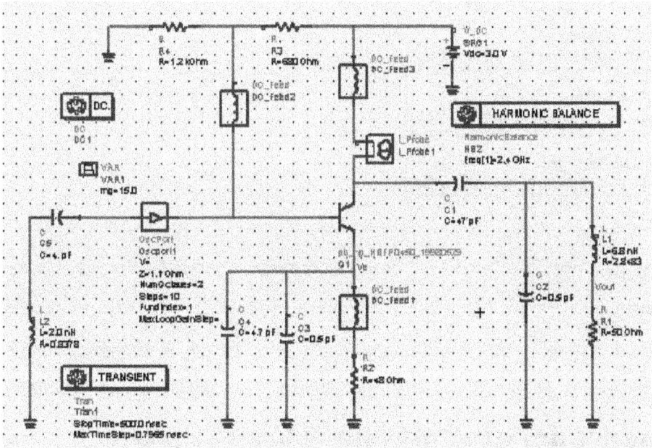

Figure III-5 : Oscillateur bipolaire à résistance négative

Après la simulation de l'oscillateur on remarque que le circuit oscille à 2.4223GHz donnant la puissance produite par 4.575dBm. Le bruit de phase du circuit à 100kHz et à 1MHz est -100.268dBc/Hz et -120.268dBc/Hz respectivement.

Donc on remarque bien que le choix du transistor pour une telle conception peut agir sur la qualité de la performance et le taux du bruit de phase dans les systèmes d'émissions réceptions.

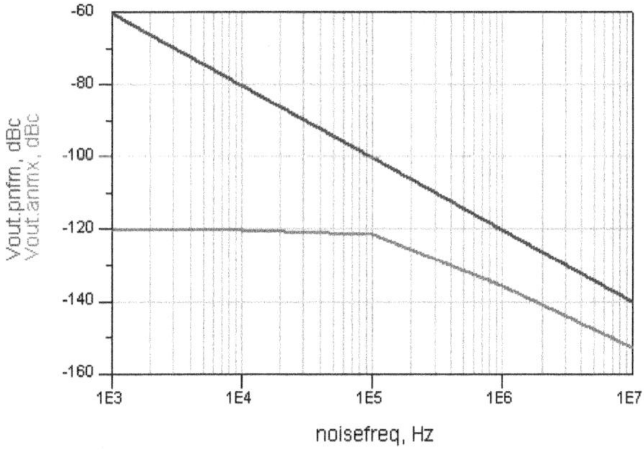

Figure III-6 : Bruit de phase de l'oscillateur bipolaire

```
noisefreq=10.00kHz
plot_vs(pnfm, noisefreq)=-80.268

noisefreq=100.0kHz
plot_vs(pnfm, noisefreq)=-100.268

noisefreq=1.000MHz
plot_vs(pnfm, noisefreq)=-120.268
```

Par rapport au bruit de phase le bruit d'amplitude est plus faible car pour une distance de 1kHz de la porteuse il vaut -120dBc/Hz qui est le double du bruit de phase. La valeur de la différence entre les deux bruits diminue pour atteindre 15 dB à une distance de 1MHz de la porteuse dont le bruit d'amplitude est -120dBc/Hz et le bruit de phase est -100dBc/Hz.

III. 3. Influence des structures sur le bruit de phase

III. 3. 1. Structure simple d'un résonateur LC

L'inconvénient de cette structure c'est que la fréquence n'est pas stable au niveau des diodes car elles produisent une variation aléatoire de la fréquence au cours du temps. La simulation avec le logiciel ADS de cette structure pour la détermination du bruit de phase montre les effets néfastes des fluctuations de la fréquence.

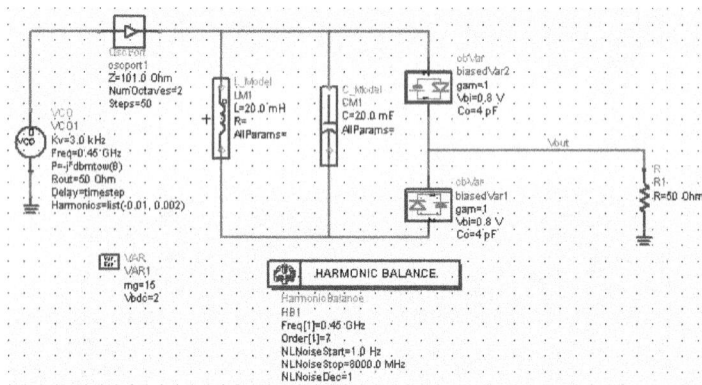

Figure III-7 : VCO à structure simple de résonateur LC

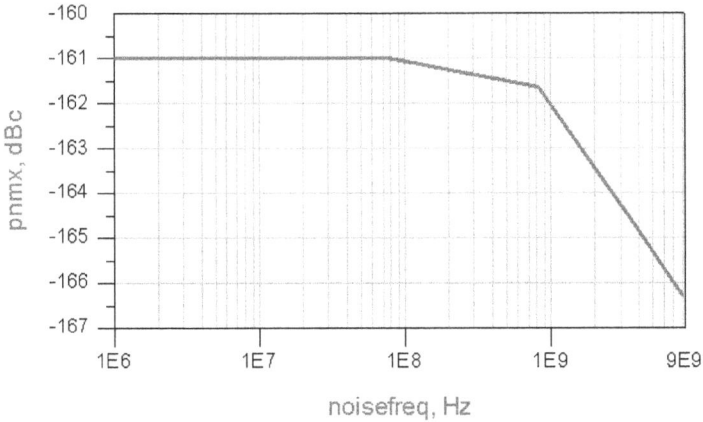

Figure III-8 : Bruit de phase du résonateur
à structure simple

À une distance de 1 MHz de la porteuse le bruit de phase varie constant à la valeur de

-161dBc/Hz, au-delà de 100 MHz il y a une diminution importante du bruit de phase jusqu'à

-167 dBc/Hz qui peut être plus faible pour d'autres structures.

III. 3. 2. Structure différentielle

Cette structure présente une symétrie par les blocs des diodes varactors afin de présenter

des avantages pour le signal de sortie par rapport à la structure précédente.

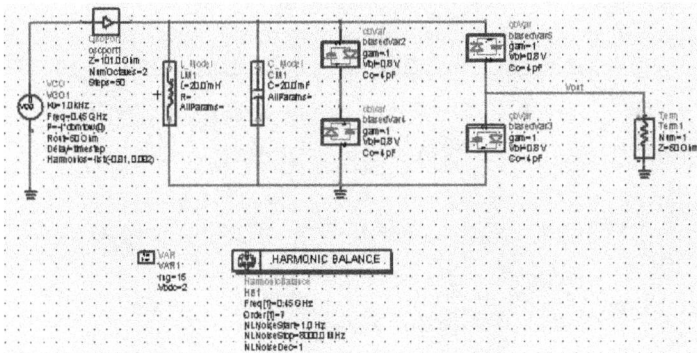

Figure III-9 : VCO à structure différentielle

Pour une distance de la porteuse de 3 GHz on remarque que cette structure présente une amélioration au niveau du bruit de phase puisqu'il y a une diminution du bruit de -164.5dBc/Hz de la structure simple à une valeur de -170dBc/Hz pour une structure différentielle ou structure symétrique. Donc le recours vers une structure symétrique présente l'avantage de minimisation du bruit de phase par la réduction des fluctuations de la fréquence causées par la variation de la capacité du résonateur et au niveau des diodes varactors.

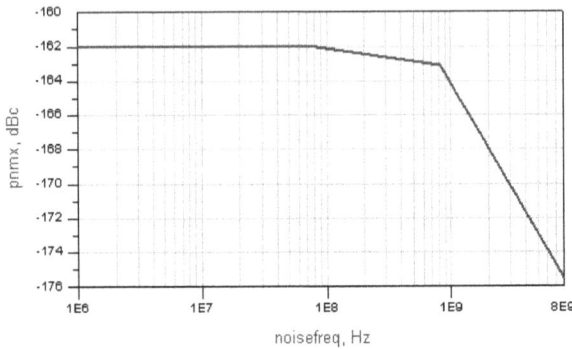

Figure III-10 : Bruit de phase d'un résonateur
à structure symétrique

III. 3. 3. Structure simple paire croisée (NMOS)

Cette structure est un modèle simplifier de la figure (I-21(b)) pour pouvoir le simuler avec l'ADS et déterminer son bruit de phase en sortie, la figure ci-dessous représente le modèle approché de la structure simple paire croisée à base de transistor NMOS.

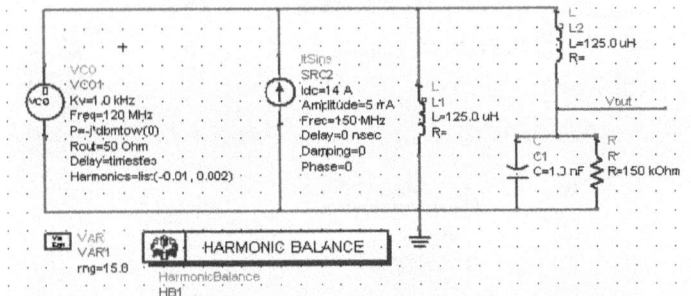

Figure III-11 : VCO à structure simple paire croisée

Pour ce modèle la densité spectrale de bruit des transistors de la structure NMOS vaut la moitié de la densité du montage CMOS pour le bruit en $1/f$, donc la conversion en bruit est plus importante dans le montage à base de NMOS.

Cette proposition est confirmée par la figure (III-11) qui donne la courbe du bruit de phase dans une bande de fréquence bien déterminée.

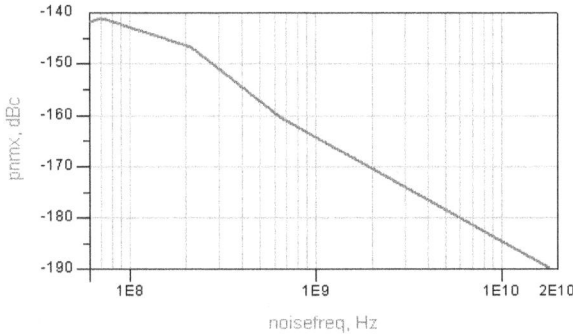

Figure III-12 : Simulation du bruit de phase du modèle
à base de NMOS

On remarque que la courbe du bruit de phase est décroissante en fonction de la fréquence, qui atteint une valeur de -160dBc/Hz pour une distance de 600MHz de la porteuse. Pour des distances plus grandes de la porteuse le bruit de phase peut atteindre des valeurs plus faibles de l'ordre de -190dBc/Hz

III. 3. 4. Structure double paire croisée (CMOS)

La structure qui comporte les transistors CMOS est plus demandée que celle à base de NMOS à cause des meilleures performances fournies dans un système.

On a représenté cette structure par le modèle donné par la figure III-13.

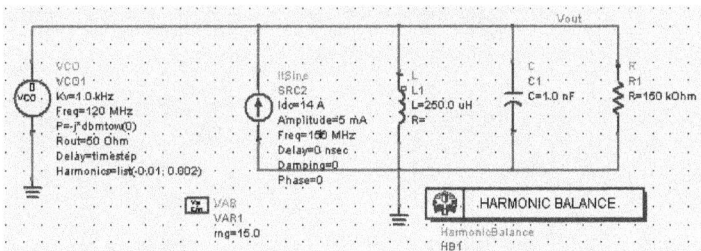

FigureIII-13 : modèle du structure double paire croisée

La symétrie du montage CMOS offre donc de meilleures performances de bruit de phase validées par la courbe ci-dessous.

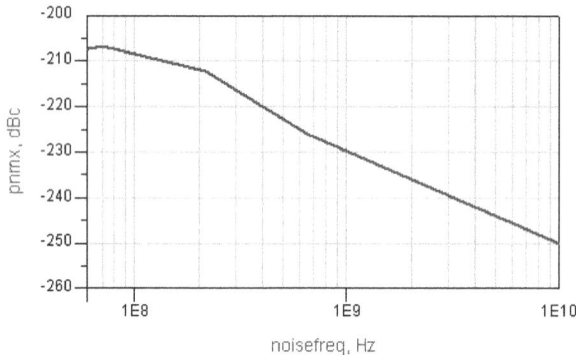

Figure III-14 : Simulation du bruit de phase du modèle à base de CMOS

Le résultat de simulation du bruit de phase de la structure double paire croisée donne des valeurs plus convaincantes pour l'utilisation puisque pour la même distance de la porteuse 600MHz que la structure NMOS, le bruit de phase de ce modèle est :

-225dBc/Hz, cette valeur peut décroître jusqu'a une valeur très faible environ -250dBc/Hz.

D'où le choix de la deuxième structure qui est caractérisée par les critères d'amélioration du signal de sortie et la faible densité spectrale caractérisant le bruit de phase.

En effet, il existe d'autres méthodes qui entre en vigueur pour la réduction du bruit de phase qui sont traités à la suite.

III. 4. Influence du fonctionnement de l'amplificateur

Dans cette partie on décrit une façon pour déterminer le bruit de phase minimum que l'on peut atteindre pour une technologie et une consommation données d'un oscillateur. Ainsi que l'influence du point de fonctionnement de l'amplificateur sur les performances de fonctionnement de l'oscillateur pour réduire son bruit de phase.

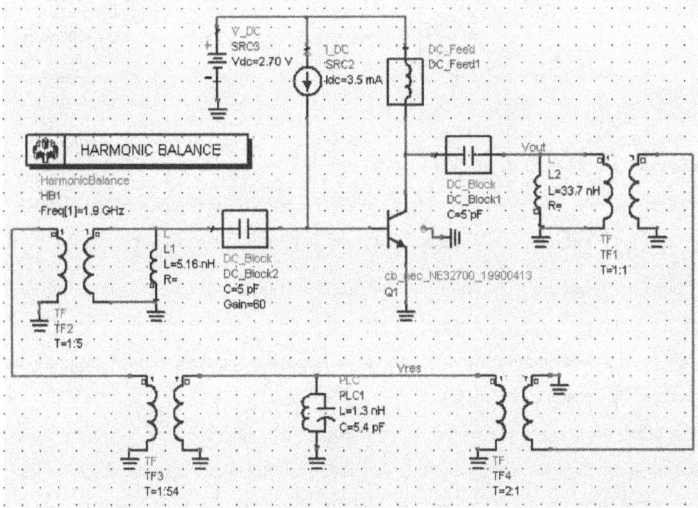

Figure III-15 : Structure de l'oscillateur LC

Dans notre étude, on compare dans trois cas l'effet de la puissance ajoutée sur les performances en bruit de phase d'un oscillateur. Au début, l'amplificateur est adapté à un point de puissance ajoutée faible, ensuite il est adapté au point de puissance ajoutée maximale, enfin le fonctionnement de l'amplificateur en classe C.

Pour obtenir les trois cas de fonctionnement de l'amplificateur, on doit calculer les éléments d'adaptation sur 50 Ω ainsi que les éléments du circuit de réaction de l'oscillateur. Ce calcul ne suffit pas pour obtenir les points de fonctionnement si on n'utilise pas la méthode des générateurs de substitution [1].

Cette méthode sert à déterminer la charge optimale en sortie de l'amplificateur pour atteindre les conditions souhaitées, d'où la variation des paramètres des générateurs d'entrée et de sortie pour obtenir les résultats souhaités. Le tableau III-1 caractérise les paramètres conduisant à la cible du circuit comme la tension d'alimentation, la consommation du circuit, le transistor et le résonateur.

Transistor	Résonateur		Tension d'alimentation	Consommation en courant	Fréquence d'oscillation
	L	C			
Bipolaire SiGe Surface Emetteur =20,32 μm²	1,3 nH Q = 12	5,4 pF Q = 60	2,7 V	3,5 mA	1.9GHz

Tableau III-1 : Récapitulatif des conditions de simulation

Pour une fréquence d'oscillation et un facteur de qualité, données, on déduit que le bruit de phase dans la région $1/f^2$ est d'autant faible que la puissance dissipée dans le résonateur est grande. Ce résultat a été montré dans l'équation de la densité spectrale de bruit de phase extraite de l'hypothèse de Leeson (chapitre II).

En effet, on désigne par la puissance dissipée dans le résonateur la différence entre la puissance de sortie et la puissance d'entrée de l'amplificateur à la fréquence d'oscillation. Cette différence représente la puissance ajoutée de l'amplificateur. Toute la puissance ajoutée est dissipée dans le résonateur dans le cas de l'absence de charge utile dans le circuit. La même topologie pour le fonctionnement de l'amplificateur en classe C sauf que pour un courant de polarisation de base IB_0 donné, il impose la valeur du courant moyen IC_0. Alors, tous augmentation de la tension sur la base du transistor génère une augmentation du courant de collecteur, alors que le courant moyen IC_0 est constant. Ce mécanisme entraîne un passage de la classe de fonctionnement de l'amplificateur vers une classe C. La figure ci-dessous justifie l'influence de la puissance ajoutée de l'amplificateur sur la variation du bruit de phase.

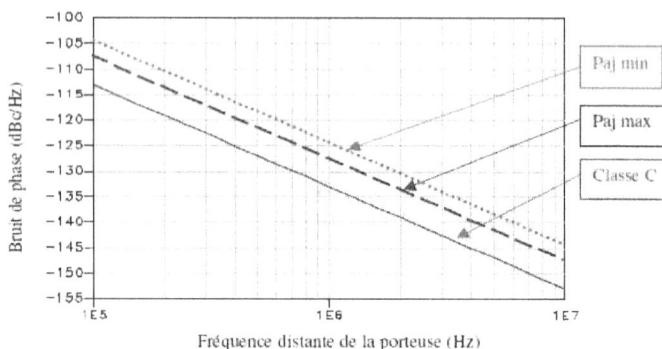

Figure III-16 : Récapitulatif des performances en bruit de phase de l'oscillateur pour le fonctionnement l'amplificateur

On peut déclarer maintenant que le passage du fonctionnement à puissance ajoutée maximale (b), vers la classe C de l'amplificateur (c) engendre une diminution de 5.5dB du bruit de phase à une distance de 100kHz de la porteuse.

Pour réduire le bruit de phase d'un oscillateur on est en face d'une démarche simple à suivre :

- Il faut extraire la structure de l'oscillateur assurant à la fois le contrôle du point de fonctionnement de l'amplificateur, le facteur de qualité en charge du résonateur
- Il faut polariser le transistor de façon à réaliser l'adaptation de l'amplificateur à son point de puissance souhaitée.

III. 5. Interprétation des résultats de l'hypothèse de Hajimiri

Dans le chapitre précédent on a analysé l'hypothèse de Hajimiri qui traite les sources de bruit d'un oscillateur afin de minimiser au maximum leurs influences pour la réduction du bruit de phase.

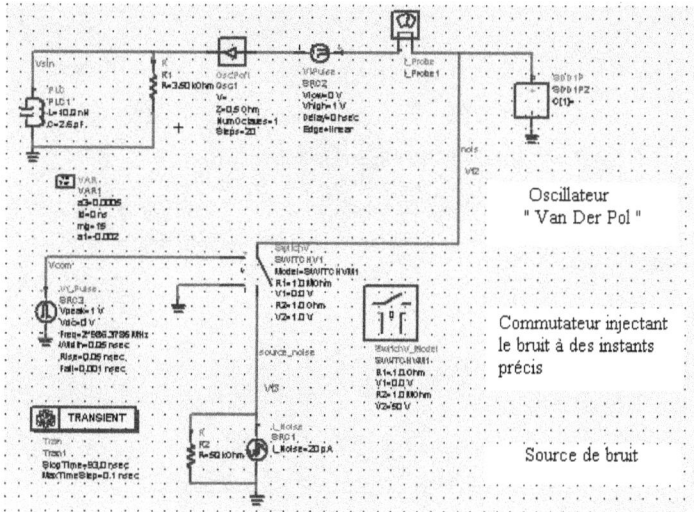

Figure III-16 : Oscillateur Van Der Pol avec source
de commande de bruit

Les éléments de l'oscillateur Van Der Pol qui oscille à une fréquence presque de 1GHz, sont le résonateur de type RLC, une source de courant non linéaire parallèle au résonateur commandée par la tension à ses bornes. En suite il y a une autre source de courant de bruit dont le commutateur assure la commande de l'injection du bruit et qui elle aussi parallèle au résonateur.

On présente deux cas caractérisant l'injection de la source de bruit dans le système lorsque la tension de sortie passe par deux points critiques. On commence par le premier cas dont la source de bruit est injectée lorsque la tension de sortie passe près de zéro comme la montre la figure ci-dessous.

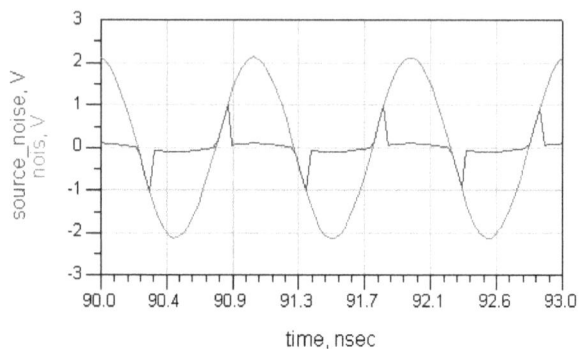

Figure III-17 : Injection de courant près le passage par zéro

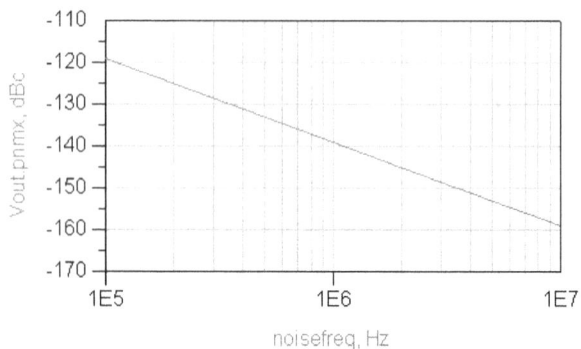

Figure III-18 : Bruit de phase pour le passage par zéro

Cette figure représente les performances en bruit de phase de l'oscillateur Van Der Pol dans le cas de l'injection du bruit au passage de la tension de sortie par zéro.

Pour une distance de 100 kHz de la porteuse correspond la valeur de -119dBc/Hz, en augmentant la distance de la porteuse vers 10 MHz, on atteint une valeur de -159dBc/Hz de bruit de phase. Dans le deuxième cas, la source de bruit est injectée au niveau des extremums de la tension de sortie de l'oscillateur comme le montre la figure III-19.

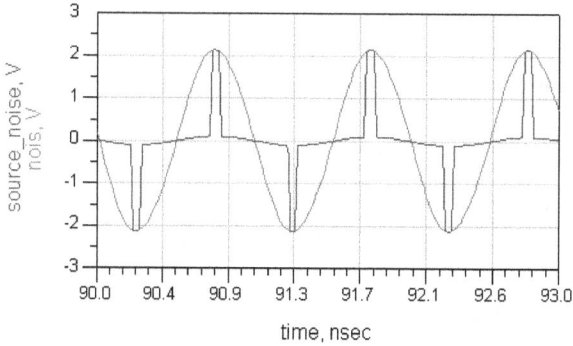

Figure III-19 : Injection de courant
aux extremums

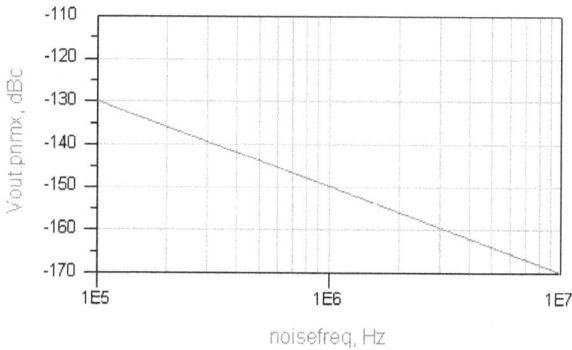

Figure III-20 : Bruit de phase résultant de l'injection
aux extremums

D'après ce qui précède, on déduit que le deuxième cas présente des meilleurs performances par rapport au premier cas au niveau du bruit de phase, d'où un écart de 10 dB de réduction d'après les configurations. Ces résultats expliquent l'influence de l'instant d'injection du courant de bruit sur les performances en bruit de phase de l'oscillateur.

Après cette étude, on confirme la théorie de Hajimiri donnée dans le deuxième chapitre qui mentionne que l'injection du courant prend lieu quand la tension de sortie de l'oscillateur passe par un extremum. En résumant, si on veut un comportement impulsionnel du processus, on doit réduire le temps d'injection du courant de bruit afin de passer en mode de fonctionnement de l'amplificateur en classe C.

III. 6. Modélisation par VHDL-AMS

Pour éviter tous les problèmes de bruit et de mauvaises performances on doit orienter nos études pour la conception des futures générations de produit et le bon développement afin d'obtenir un modèle spécifique à l'architecture du circuit en le gardant fonctionnel lorsque certains paramètres (technologiques ou dimensions) seront modifiés.

III. 6. 1. Objectifs de la modélisation en VHDL-AMS

Le modèle VHDL-AMS (Very high speed integrated circuit Hardware Description Langage –Analog & Mixed Signal)) a pour but d'effectuer des simulations au niveau système. Ce langage peut modéliser les parties analogiques et numériques d'un circuit, c'est l'avantage présenté par rapport aux autres langages de simulations.

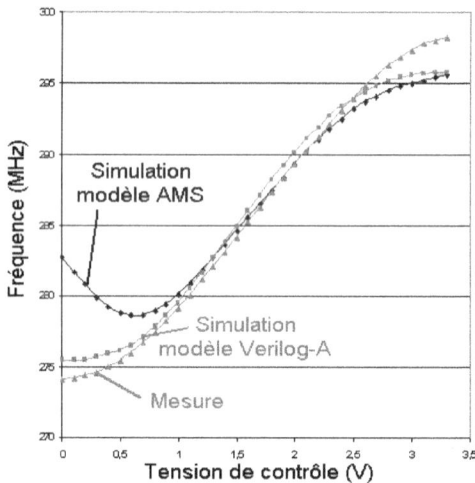

Figure III-21 : Gains du VCO modélisé, simulé et mesuré

III. 6. 2. Modélisation d'un VCO

Les opérations nécessaires pour obtenir des résultats de simulation ne demandent pas un traitement important, cependant on peut comparer quelques résultats modélisés avec le VHDL-AMS avec d'autres qui sont mesurés. On traite dans ce cas le gain d'un oscillateur contrôlé en tension VCO modélisé, simulé qui est comparé avec les résultats de mesure sur la figure III-21. On constate un décalage sensible entre la mesure et la simulation du modèle qui est effectué par deux langages le AMS et le verilog A. En effet il faut ajuster les valeurs des paramètres du modèle pour correspondre à la mesure de tension de contrôle. Cela implique la flexibilité du langage VHDL-AMS pour la conception des processus afin d'estimer les problèmes et d'éviter les erreurs qui prennent naissance lors de la réalisation.

Les résultats de simulation du bruit de phase du VCO sont présentés sur la Figure III-22

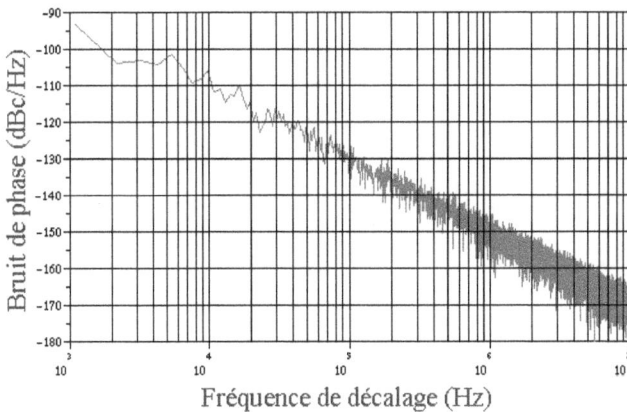

Figure III-22 : Résultat de simulation du bruit de phase du VCO

La démarche suivie pour la modélisation de bruit de phase dans un oscillateur contrôle en tension se décompose comme suit.

- Au début, il est demandé de réparer les bibliothèques nécessaires pour le modèle souhaité, même par fois il faut créer des bibliothèques propres à votre système s'ils n'existent pas à votre logiciel.

- Lors de la programmation, il faut préciser les fonctions utilisées afin de donner le modèle le plus proche de votre système. Ainsi il faut donner les entrées et les sorties et préciser tous les variables de votre système

- Une fois la simulation est terminée, le traitement des données est effectué avec le logiciel VHDL-AMS et enfin vous passez à la comparaison du résultat de mesure de votre système avec la simulation du modèle programmé.

En analysant les performances en bruit de phase du VCO il est possible d'estimer avec précision le comportement du système l'aide du modèle en VHDL-AMS. Par conséquent, la conception du reste de la chaîne d'émission réception devient facile en observant l'influence du bruit de phase à chaque partie.

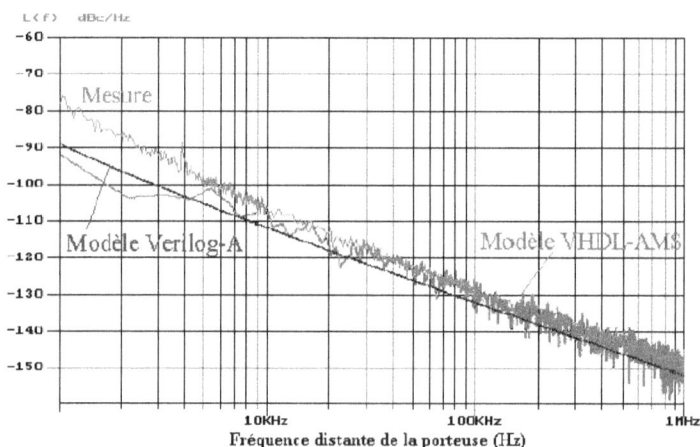

Figure III-23 : Bilan des mesures et simulation

du bruit de phase dans le VCO

On remarque que l'allure de la courbe du bruit de phase est presque similaire à celle obtenu par la simulation du modèle par le langage VHDL-AMS et même avec le Verilog A.

La figure III-23 confirme que l'étude théorique et l'étude pratique se comporte de la même façon au niveau du comportement du bruit de phase du système, la raison pour laquelle l'orientation des concepteurs vers une nouvelle approche qui sert à faciliter l'analyse des systèmes avant la réalisation la modélisation.

III. 7. Techniques de réduction du bruit de phase

Notre but est la conception d'un oscillateur à grandes performances, alors il existe d'autres solutions en plus que celle du choix d'une structure résonante à grand coefficient de qualité. On peut citer quelques processus servant à la minimisation du bruit de phase comme l'élément actif de l'oscillateur qui représente une source importante de bruit. D'où l'idée de l'intégration d'un dispositif qui garanti la saturation de l'élément pendant le régime linéaire de son fonctionnement afin de générer moins de bruit. L'autre idée est la réduction de la conversion du bruit basse fréquence au voisinage de la fréquence de la porteuse.

On décrit dans cette partie d'autres techniques couramment utilisées conduisant à une minimisation du bruit de phase.

III. 7. 1. Réduction du bruit par compensation avec une contre-réaction basse fréquence

Dans les oscillateurs à transistors à effet de champ (EFT), on peut diminuer le bruit en $1/f$, pour un bon choix des conditions de charge déterminer aux basses fréquences. [2]

Le bruit de phase peut être réduite aux accès du transistor (circuit ouvert à l'entrée et court-circuit en sortie) par application de charges basse fréquence. On montre aussi que dans un oscillateur on peut réduire le bruit de phase de 12dB par l'application d'une contre réaction basse fréquence.

Cependant la réduction du bruit avec cette méthode est moins performante pour les systèmes micro-onde du point de vue encombrement du circuit basse fréquence.

III. 7. 2. Topologies d'oscillateurs avec limiteurs

On insiste souvent sur l'utilisation des transistors puisqu'ils ont un double rôle d'une part ils compensent les pertes issues du résonateur et des autres composants et d'autre part, ils assurent le régime de saturation afin de limiter les bruits en tension et en courants. Alors que le régime de saturation peut créer des effets de conversion de bruit au niveau du transistor, pour le remède, il faut concevoir un limiteur extérieur qui assure la saturation.

Ce limiteur est réalisé à l'aide de diodes Schottky montées tête bêche. Donc ce système non linéaire génère un bruit plus faible par rapport au transistor qui fonctionne en mode amplificateur et qui n'influe pas trop sur le bruit de phase total. D'après la référence [3], le bruit de phase mesuré pour une distance de la porteuse de 10kHz est -107dBc/Hz pour une fréquence d'oscillation de 11 GHz. On consacre dans la suite d'autres techniques qui utilisent des structures d'oscillateurs à base d'asservissement.

III. 7. 3. Réduction par asservissement

III. 7. 3. 1. Diminution du bruit de phase par asservissement de la fréquence

La technique utilisée à pour but de garder la fréquence d'oscillation à celle de résonance du résonateur diélectrique.

On représente sur la figure ci-dessous un type d'oscillateur avec boucle à verrouillage de fréquence.

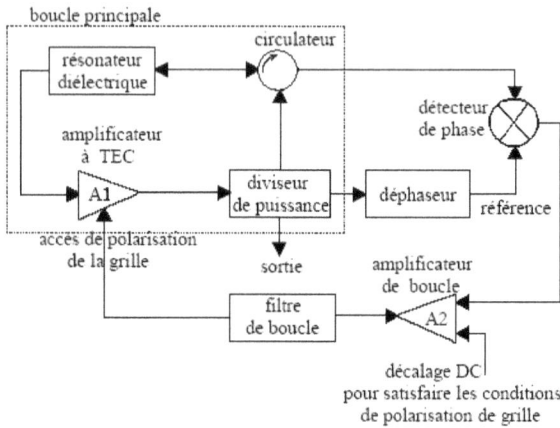

Figure III - 24 : Schéma bloc d'un oscillateur avec boucle à verrouillage de fréquence

Le schéma bloc de cet oscillateur comprend deux boucles, la première c'est la principale constituant l'oscillateur et qui comprend un étage amplificateur à base de transistor à effet de champ dont le résonateur diélectrique est une contre-réaction qui fonctionne en transmission, un circulateur et un diviseur de puissance.

La deuxième est la boucle à verrouillage de fréquence dont le résonateur fonctionne en réflexion, puis on aura   le passage par l'amplificateur ainsi que l'opération du filtrage. Cette partie représente le discriminateur dont la sortie est réinjectée à l'entrée du transistor de l'amplificateur de la boucle principale

La comparaison entre un oscillateur traditionnel et un autre avec un dispositif de réduction de bruit de phase présente une amélioration entre 15 et 20 dB (-120 dBc / Hz à 10 kHz de la porteuse) pour les mêmes conditions de fonctionnement et pour une fréquence d'oscillation de 10GHz. Cette nouvelle technique a été développée du point de vue expérimental dans le but d'améliorer la stabilité fréquentielle des oscillateurs micro-ondes [4].

Par le même principe, les oscillateurs à résonateur diélectrique présentés dans les articles [5], [6], [7] ne sont pas asservis en fréquences uniquement mais aussi stabilisées aux températures ambiantes ou à 0° C.

On présente maintenant une autre topologie complémentaire à cette technique mais avec un autre mode d'asservissement.

III. 7. 3. 2. Oscillateur à asservissements multiples

Dans cette méthode, on traite aussi notre échantillon qui est un oscillateur à base de résonateur diélectrique en utilisant trois principes. Celui qui stabilise la fréquence par dispositif de Pound qui est le bloc du verrouillage en fréquence, puis on a un asservissement en puissance, pour éviter les dérives en fonction de la température. Finalement on trouve un asservissement des modulations d'amplitude afin de terminer la structure globale du dispositif.

La figure suivante décrit ce dispositif d'asservissement [8].

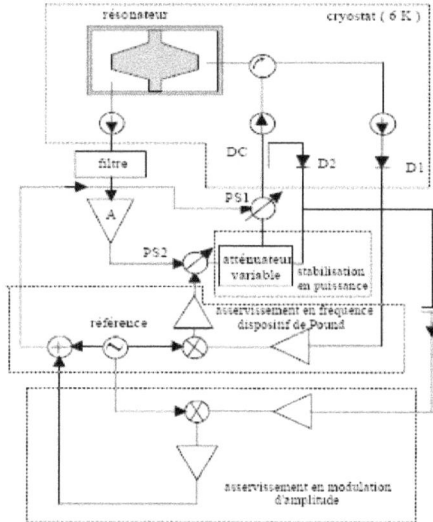

Figure III -25 : oscillateur à asservissements multiples

L'oscillateur est composé du résonateur diélectrique qui fonctionne en transmission et dont le filtre passe bas commande son mode de fonctionnement. L'amplificateur à transistors à effet de champ récupère les pertes de ce circuit, alors le rôle de l'asservissement de fréquence est de garder l'oscillation sur la résonance du résonateur.

La seconde boucle contient un atténuateur variable contrôlé en tension et un détecteur de phase, qui sont orientés pour supprimer les fluctuations de puissance en sortie et les variations des pertes.

La dernière boucle représente l'asservissement en amplitude qui est conçu pour éliminer définitivement les influences de modulation d'amplitude et de limiter les conversions AM-PM. La structure de ce prototype semble compliquée ainsi qu'elle est sensible à l'intégration dans les systèmes de communications à cause du poids et de l'encombrement. Mais les résultats fournis sont convaincants et satisfaisants pourtant la complexité de l'architecture.

Conclusion

Dans ce chapitre on a présenté quelques critères de variation de bruit de phase, parmi les critères qui influent sur l'oscillateur, on a montré que pour chaque résonateur il y a des caractéristiques propres de bruit de phase. En plus, il existe des structures d'oscillateurs qui sont plus performantes et plus demandées à cause de leurs fiabilités et leurs réductions du bruit de phase.

On a simulé aussi des types d'oscillateurs faisant l'objet des études traités dans le deuxième chapitre comme celle de Leeson et de Hajimiri. Ces études expriment l'influence de l'état de fonctionnement de l'amplificateur qui est le plus performant lorsqu'il est polarisé en classe C, au niveau du bruit de phase, ainsi que l'influence de l'instants d'injection du courant de bruit sur les performances en bruit de phase de l'oscillateur, qui favorise l'injection du courant lorsque la tension de sortie de l'oscillateur passe par un extremum, alors qu'il évite l'injection à l'instant du passage de la tension de sortie proche de zéro.

En effet, pour analyser plus notre problématique on oriente notre recherche vers l'utilisation d'une nouvelle méthode de conception qui sert à modéliser et simuler le système à étudier et d'extraire ses avantages et ses inconvénient avant sa réalisation.
On termine par l'explication de quelques techniques de réduction du bruit de phase comme par exemple la réduction par asservissement de la fréquence ou par asservissements multiples.

Références du chapitre III

[1]David CORDEAU, "Etude comportementale et conception d'oscillateurs intégrés polyphases accordables en fréquence en technologies Si et SiGe pour les radiocommunications" sujet de thèse, 4 Novembre 2004.

[2] M. PRIGENT, J. OBREGON "Phase noise reduction in FET oscillators by low frequency loading and feedback circuitry optimization" IEEE Trans. on MTT, vol 35, n°3, march 1987

[3] N. MAMODALY, P. COLIN, D. REFFET

" Conception d'oscillateurs à transistors TEC présentant un bruit FM minimum"

Rapports d'avancement, Convention IRCOM - THOMSON, 1987

[4] E. N. IVANOV, M. E. TOBAR, R. A. WOODE

" Advanced phase noise suppression technique for next generation of ultra low noise microwave oscillators" IEEE Int. Freq. Cont. Symp., pp 314 - 319, 1995

[5] M. E. TOBAR, A. J. GILES, S. EDWARDS, J. H. SEARLS

" High Q thermoelectric stabilized sapphire microwave resonators for low noise applications"

IEEE Trans on Ultrasonics, Ferroelectrics and Freq. Cont., vol 41, n°3, pp391-394, May 1994

[6] M. E. TOBAR, E. N. IVANOV, R. A. WOODE, J. H. SEARLS

" Low noise microwave oscillators based on high Q temperature stabilized sapphire resonators"

IEEE Int. Freq. Cont. Symp., pp 433 - 440, 1994

[7] M. E. TOBAR, E. N. IVANOV, R. A. WOODE, J. H. SEARLS, A. G. MANN

" Low noise 9 GHz sapphire resonator oscillator with thermoelectric temperature stabilization at 300 K" IEEE Microwave and Wave Guided Letters, vol 5, n°4, pp 108 - 110, april 1995

[8] A. N. LUITEN, A. G. MANN, N. J. McDONALD, D." Latest results of the UWA cryogenic sapphire oscillator" IEEE Int. Freq. Cont. Symp., pp 433- 437, 1995

Conclusion générale

Les recherches de cette mémoire sont portées sur l'analyse d'un problème gênant lié aux systèmes Radiocommunications et radiofréquences en émission et en réception. Face à ces obstacles contre la pureté spectrale du signal émis, reçu ou un signal de sortie d'un oscillateur, on fait recours au traitement de quelques circuits oscillant pour étudier, critiquer et proposer des solutions afin de mieux améliorer les performances en bruit de phase de notre système oscillateur. Ceci fait l'objet de notre sujet de mastère qui s'articule sur l'étude du bruit de phase dans les oscillateurs.

Pour le premier chapitre, on consacre une grande partie pour l'étude des conditions d'oscillations et des différents modes d'oscillateurs et leurs caractéristiques électroniques. On traite ainsi les oscillateurs à fréquence fixe en décrivant ses structures et ses conditions de fonctionnement. On classe aussi les oscillateurs par ordre de performances, comme les oscillateurs à résonateur diélectrique, en expliquant pour chaque cas la condition de fonctionnement et le type de l'utilisation. La même étude pour les autres oscillateurs comme par exemple le quartz, sauf dans le cas des oscillateurs à fréquence variable car on a comparé la différence entre les structures du point de vue symétrie et du type du structure simple ou différentielle. On termine ce chapitre par la description des moyens de mesures du bruit des oscillateurs et des résonateurs l'objet de l'étude du deuxième chapitre.

Dans le deuxième chapitre on a étudié le bruit de phase dans les oscillateurs en commençant par donner des généralités sur les sources de bruits aléatoires. En effet, on a montré l'influence du bruit de phase sur le signal de sortie d'un oscillateur et sur la gigue temporelle « jitter ». A travers l'étude du bruit de modulation d'amplitude, de phase et de fréquence, on a pu caractériser des méthodes d'analyse du bruit de phase dans les oscillateurs. Chaque méthode d'analyse présente des avantages et des inconvénients, puisque chacune détermine le bruit de phase à partir d'une supposition qui est proche de la réalité, les simulations par l'ADS du bruit de phase sont déterminées par la méthode des matrices de conversions, on modélise aussi ce bruit par la méthode de Hajimiri qui montre les limites de du modèle de Leeson concernant le bruit de phase à cause des paramètres non quantifiables dont l'influence reste importante sur le fonctionnement de l'oscillateur.

Ce dernier chapitre regroupe le travail d'étude traité dans le premier et le deuxième chapitre, concernant la simulation du bruit de phase à l'aide du logiciel ADS des structures des oscillateurs à base de résonateurs LC ou autres, d'une part on compare les performances de chaque oscillateur et la différence des structures au niveau du réduction du bruit de phase. D'autre part on a confirmé les théories analysées par Hajimiri et Leeson pour la minimisation du bruit de phase à l'aide des structures d'oscillateurs traduisant ces hypothèses. Parmi les avantages décrits dans ce chapitre, citant la facilité des simulations et la nouvelle proposition qui porte sur la modélisation du bruit de phase des différents circuits par le modèle VHDL-AMS qui est fiable, efficace et permet d'autoriser la simulation du système complet sans attendre les résultats au moment de la mesure. En fin on propose des techniques conduisant à la réduction du bruit de phase pour atteindre notre cible de recherche.

ANNEXE A

Calcul de l'amplitude du signal sur le résonateur LC

La conception d'un oscillateur contrôlé en tension nécessite de faire le choix entre la structure simple paire croisée et double paire croisée. Dans un premier temps nous allons étudier la structure double paire croisée (Figure A-1).

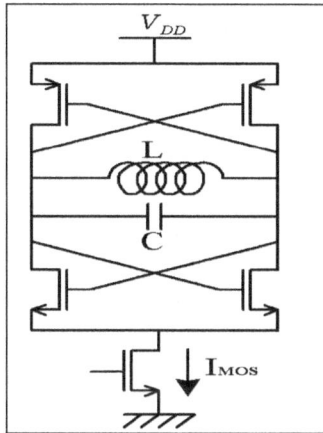

Figure A-1 : Structure double paire croisée (CMOS).

Le circuit de la figure précédente peut être ramené à la représentation de la figure A-2 pour calculer l'amplitude de la tension appliquée aux bornes du résonateur. La résistance Réq correspond aux pertes du résonateur ramenées en parallèle.

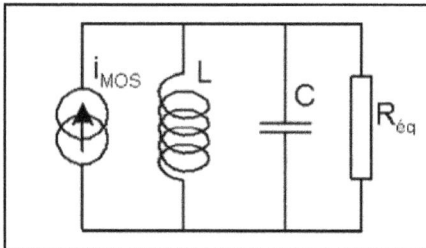

Figure A-2 : Modèle simplifié de la structure double paire croisée.

Le calcul de l'impédance de ce résonateur consiste donc à simplement mettre en parallèle les trois impédances observées. On aboutit facilement à l'impédance Z donnée par l'équation (A-1) étant donné l'égalité $LC=2\pi f$.

$Z = Réq$ (A-1)

En approximant la forme du courant à un signal carré, on peut utiliser le fait que l'amplitude de la composante fondamentale d'un signal carré vaut $4/\pi$ multiplié par l'amplitude du signal carré. D'où les équations du courant et de la tension aux bornes du résonateur.

$$I = \frac{4}{\pi} I_{MOS}$$ (A-2)

$$U = \frac{4}{\pi} R_{éq}\ I_{MOS}$$ (A-3)

Plaçons-nous maintenant dans le cas de la structure simple paire croisée (Figure A-3).

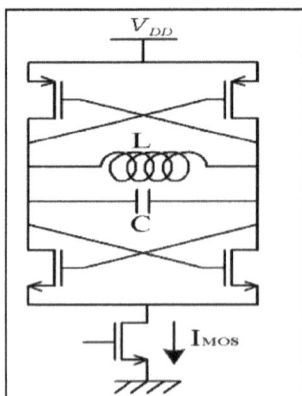

Figure A-3 : Structure simple paire croisée (NMOS).

Dans ce cas, on constate qu'une partie du courant fourni par la partie active de l'oscillateur ne circule pas dans la résistance. Ce phénomène est facile à représenter en réalisant la même modélisation du circuit que dans la cas de la structure double paire croisée représenté à la Figure A-4.

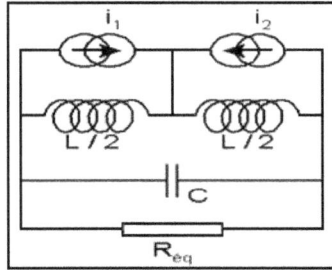

Figure A-4 : Modèle simplifié de la structure simple paire croisée

Cette figure présente cependant l'inconvénient de ne pas être utilisable en l'état pour le calcul de l'amplitude de la tension appliquée sur le résonateur. Pour ce faire, comme dans le cas précédent, on remplace les deux courants i_1 et i_2 par une source unique IMOS qui peut-être alternativement positive et négative (Figure A-5).

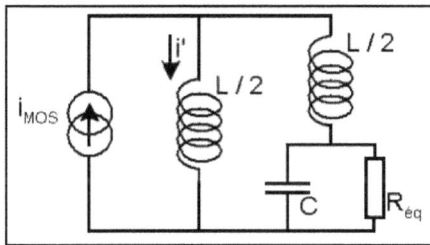

Figure A-5 : Schéma équivalent du modèle de la structure simple paire croisée

Le schéma équivalent obtenu (Figure A-5) permet la mise en équation suivante de l'impédance présente aux bornes de cette source de courant.

$$Z_i = j\frac{L}{2}\omega \, // \left[j\frac{L}{2}\omega + R_{\acute{e}q} \, // \frac{1}{jC\omega} \right]$$

(A-4)

$$Z_i = \frac{1}{4}\left[jL\omega + R_{\acute{e}q} \right]$$

(A-5)

www.ingramcontent.com/pod-product-compliance
Lightning Source LLC
Chambersburg PA
CBHW021118210326
41598CB00017B/1486